● 1+X证书制度试点培训用书 · 互联网软件测试

互联网软件测试

初级

北京新奥时代科技有限责任公司 ◎ 编著

人民邮电出版社

北京

图书在版编目（CIP）数据

互联网软件测试：初级 / 北京新奥时代科技有限责任公司编著. -- 北京：人民邮电出版社，2022.5
1+X证书制度试点培训用书
ISBN 978-7-115-57402-2

Ⅰ．①互… Ⅱ．①北… Ⅲ. ①互联网络－网络软件－测试－技术培训－教材 Ⅳ．①TP393.06

中国版本图书馆CIP数据核字(2021)第191758号

内 容 提 要

本教学图书的编写以《互联网软件测试职业技能等级标准》为依据，围绕互联网软件测试的人才需求与岗位能力进行内容设计。本书包括 Linux 系统概述、Linux 系统使用注意事项、Linux 系统常用入门命令、MySQL 基础、MySQL 数据库管理、SQL 基本语法、软件与软件测试概述、软件缺陷、如何高效测试、UI 测试、兼容性测试、微商城网站实践案例等内容，涵盖 Linux 基础、MySQL 基础、软件测试基础等核心课程。本书以模块化的结构组织章节，以任务驱动的方式安排内容，以互联网微商城系统环境搭建和完整的功能测试为教学案例。

本书可作为 1+X 证书制度试点工作中互联网软件测试职业技能（初级）的教学和培训教材，也可作为期望从事软件测试工作的人员的自学参考书。

◆ 编　著　北京新奥时代科技有限责任公司
　　责任编辑　王海月
　　责任印制　马振武

◆ 人民邮电出版社出版发行　　北京市丰台区成寿寺路 11 号
　　邮编　100164　　电子邮件　315@ptpress.com.cn
　　网址　https://www.ptpress.com.cn
　　北京市艺辉印刷有限公司印刷

◆ 开本：787×1092　1/16
　　印张：17.5　　　　　　　　2022 年 5 月第 1 版
　　字数：360 千字　　　　　　2022 年 5 月北京第 1 次印刷

定价：69.80 元
读者服务热线：(010)81055493　印装质量热线：(010)81055316
反盗版热线：(010)81055315
广告经营许可证：京东市监广登字 20170147 号

前言
Preface

2021 年 10 月，中共中央办公厅、国务院办公厅印发的《关于推动现代职业教育高质量发展的意见》中提到，深化教育教学改革，要改进教学内容与教材。完善"岗课赛证"综合育人机制，按照生产实际和岗位需求设计开发课程，开发模块化、系统化的实训课程体系，提升学生实践能力。深入实施职业技能等级证书制度。及时更新教学标准，将新技术、新工艺、新规范、典型生产案例及时纳入教学内容。把职业技能等级证书所体现的先进标准融入人才培养方案。

深入贯彻《关于推动现代职业教育高质量发展的意见》和《国家职业教育改革实施方案》，以及全面落实教育部等四部门在院校开展"学历证书"+"若干职业技能等级证书"制度试点的工作要求，实施 1+X 证书制度，培养复合型技术技能人才，是应对新一轮科技革命和产业变革带来的挑战、促进人才培养供给侧和产业需求侧结构要素全方位融合的重大举措；是促进职业院校加强专业建设、深化课程改革、增强实训内容、提高师资水平、全面提升教育教学质量的重要着力点；是促进教育链、人才链与产业链、创新链有机衔接的重要途径；对深化产教融合、校企合作，健全多元化办学体制，完善职业教育和培训体系有重要意义。

随着《国务院关于积极推进"互联网 +"行动的指导意见》和"加快推进网络信息技术自主创新"等政策的深入推进和落实，软件服务产业变革将受到深远影响，国民经济各个领域扩大对软件产业的需求，促进新一代信息软件技术的高速发展。软件产品的质量越来越受到行业的关注，对软件测试人员的需求呈现逐年增长的趋势。

工业和信息化部教育与考试中心多年来致力于工业和信息通信业的人才培养及选拔工作，在加快网络信息化人才培养工程的基础上，依据教育部落实《国家职业教育改革实施方案》的相关要求，以客观反映现阶段行业的水平和对从业人员的要求为目标，在遵循有关技术规程的基础上，以专业活动为导向，以专业技能为核心，组织了以工程师、高职和本科院校的学术带头人为主的专家团队，开发了一套"1+X 证书制度试点培训用书·互联网软件测试"教材。

本套教材旨在围绕现阶段互联网行业软件测试技术的发展情况，以软件开发公司、信息技术公司、企事业单位等对从业人员的要求为目标，以培养具有良好的软件质量意识、精益求精的工匠精神，能够深入理解并掌握软件测试基础理论与技术，精通黑盒测试技术，能够进行测试用例设计、测试执行、编写缺陷报告，掌握 Windows、Linux 等主流操作系统，掌握 MySQL 数据库和熟练使用 SQL 语言，熟悉 Python 和 Java 编程语言，掌握自动化功能测试、性能测试、安全测试、白盒测试等相关技术，能够全面地评估软件质量的技能型人才。

本书主要内容包括 Linux 系统概述、Linux 系统使用注意事项、Linux 系统常用入门命令、MySQL 基础、MySQL 数据库管理、SQL 基本语法、软件与软件测试概述、软件缺陷、如何高效测试、UI（User Interface，用户界面）测试、兼容性测试、微商城网站实践案例等。

本书突出案例教学，内容全面，由浅入深，详细介绍了软件测试的核心技术，并重点讲解了读者在学习过程中难以理解和掌握的知识点，降低了学习难度。本书主要用于 1+X 证书制度试点教学、中高职院校软件测试教学、全国软件企业软件测试人才培养内训等。此外，本书配备了丰富的教学资源，包括习题答案、教学 PPT 等，读者可通过访问链接 https://exl.ptpress.cn:8442/ex/l/2584b11e，或扫描下方二维码免费获取相关资源。

本书的编写与审校工作由谢邦祥、侯仕平完成。由于时间和水平有限，书中难免存在疏漏和不足之处，敬请广大读者批评指正。

编者

2022 年 2 月

目录 Contents

第4章　MySQL基础

第5章　MySQL数据库管理

第6章 SQL基本语法

第7章 软件与软件测试概述

第8章　软件缺陷

第9章　如何高效测试

第10章 UI测试

第11章 兼容性测试

第12章 微商城网站实践案例（上）

第13章 微商城网站实践案例（下）

第 1 章

Linux 系统概述

内容导学

对于软件测试人员来说，测试任何产品都基于操作系统，熟练使用 Linux 系统是测试人员的基本功。随着对操作系统的深入理解和掌握，测试人员的测试能力将会不断提高，也有利于测试更加深入。

本章阐述了 Linux 的基本概念，列举了 Linux 的特点，然后介绍了主流的 Linux 发行版本以及我们常用的 Linux 发行版本之一 CentOS 的安装教程。

学习目标

① 了解 Linux 系统是什么。

② 了解 Linux 系统特点。

③ 熟悉主流的发行版本有哪些。

④ 掌握 CentOS 的安装。

>>1.1 什么是 Linux

1991 年，芬兰人 Linus Benedict Torvalds（林纳斯·本纳第克特·托瓦兹）（如图 1-1 所示）就读于赫尔辛基大学，对操作系统很好奇，并且对 MINIX（小型的 UNIX 操作系统）只允许在教育上使用很不满，于是开始编写自己的操作系统，这就是后来的 Linux 内核。

图1-1　Linux之父Linus Benedict Torvalds

Linux 操作系统是 UNIX 操作系统的一种克隆系统，它诞生于 1991 年 10 月 5 日（第一次正式对外公布的时间）。此后借助于网络，并通过世界各地计算机爱好者的共同努力，Linux 成为目前世界上使用最多的一种 UNIX 类操作系统，目前使用人数还在迅猛增长。

　　Linux 是一套免费使用和自由传播的 UNIX 类操作系统，是一个基于可移植操作系统接口（POSIX，Portable Operating System Interface of UNIX）和 UNIX 的多用户、多任务，支持多线程和多 CPU 的操作系统。它能运行主要的 UNIX 工具软件、应用程序和网络协议，支持 32 位和 64 位硬件。Linux 继承了 UNIX 以网络为核心的设计思想，是一个性能稳定的多用户网络操作系统。Linux 主要用于基于 Intel x86 系列 CPU 的计算机上。这个系统是由全世界各地、成千上万的程序员设计和实现的，这样做的目的是建立不受任何商品化软件版权制约的、全世界都能自由使用的 UNIX 兼容产品。

　　Linux 以它的高效性和灵活性著称，Linux 模块化的设计结构，使得它既能在价格昂贵的工作站上运行，又能够在廉价的 PC 机上实现全部的 UNIX 特性，具有多任务、多用户的能力。Linux 是在 GNU 公共许可权限下免费获得的，是一个符合 POSIX 标准的操作系统。Linux 操作系统软件包不仅包括完整的 Linux 操作系统，还包括文本编辑器、高级语言编译器等应用软件，以及带有多个窗口管理器的 X-Windows 图形用户界面，如同我们使用 Windows NT 一样，我们可以使用窗口、图标和菜单对系统进行操作。

▶▶ 1.2　Linux 发展历程

　　Linux 发展历程如表 1-1 所示。

表1-1　Linux发展历程

阶段	时间	说明
第一阶段	1969 年	Ken Thompson 和 Dennis Ritchie 开发 UNIX 操作系统的原型，起初是为了运行星际旅行（Space Travel）游戏
	1972 年	Dennis Ritchie 用 C 语言改写，使得 UNIX 系统在大专院校得到了推广
第二阶段	1984 年	1984 年，Andrew S. Tanenbaum 开发了用于教学的 UNIX 系统，命名为 MINIX。为了方便教学，MINIX 保持着小型化的特点
	1989 年	Andrew S. Tanenbaum 将 MINIX 系统在 x86 的 PC 平台上运行
第三阶段	1990 年	芬兰赫尔辛基大学学生 Linux Benedict Torvalds 首次接触 MINIX 系统
	1991 年	Linux Benedict Torvalds 开始在 MINIX 上编写各种驱动程序等操作系统内核组件
	1991 年年底	Linux Benedict Torvalds 公开了 Linux 内核源码 0.02 版，此版本仅仅是部分代码
	1993 年	Linux 1.0 版本发行，Linux 转向 GPL（General Public License，通用公共许可证）版本协议
	1996 年	美国国家标准与技术研究院的计算机系统实验室确认 Linux 1.2.13 版本符合 POSIX 标准
	1999 年	Linux 的简体中文发行版问世

Linux 系统特点如下。

1. 完全免费

Linux 是一款免费的操作系统，用户可以通过网络或其他途径免费获得，并可以任意修改其源代码。这是其他操作系统做不到的。正是由于这一点，来自全世界的无数程序员参与了 Linux 的修改、编写工作，程序员可以根据自己的兴趣和灵感对其进行修改，这让 Linux 吸收了无数程序员的思维精华，不断壮大。

2. 完全兼容 POSIX 1.0 标准

可以在 Linux 中通过相应的模拟器运行常见的 DOS、Windows 的程序。这为用户从 Windows 转到 Linux 奠定了基础。许多用户在考虑使用 Linux 时会联想到以前在 Windows 中常见的程序是否能正常运行，Linux 完全兼容 POSIX 1.0 标准这一特点消除了他们的疑虑。

3. 多用户、多任务

Linux 支持多用户，各个用户对于自己的文件设备有独特的权利，这保证了各用户之间互不影响。多任务则是现在的计算机最主要的一个特点，Linux 可以使多个程序同时独立地运行。

4. 良好的界面

Linux 同时具有字符界面和图形界面。在字符界面，用户可以通过键盘输入相应的指令来进行操作。它同时也提供了类似 Windows 图形界面的 X-Window 系统，用户可以使用鼠标对其进行操作。X-Window 操作界面和 Windows 相似，所以可以称 X-Window 系统为 Linux 版的 Windows。

5. 丰富的网络功能

Linux 是在互联网的基础上发展起来的，Linux 的网络功能当然不会逊色。它的网络功能和其内核紧密相连，在这方面 Linux 要优于其他操作系统。在 Linux 中，用户可以轻松进行网页浏览、文件传输、远程登录等网络操作，并且可以作为服务器提供 WWW、FTP、E-mail 等服务。

6. 可靠安全、稳定性高

Linux 采取了许多安全技术措施，对读、写设置了权限控制、审计跟踪、核心授权等功能，这些都为安全使用提供了保障。Linux 也会用在网络服务器上，这对稳定性也有比较高的要求，实际上 Linux 在这方面也十分出色。

7. 支持多种平台

Linux 可以运行在多种硬件平台上，如具有 x86、680x0、SPARC、Alpha 等处理器的平台。此外，Linux 还是一种嵌入式操作系统，可以运行在掌上计算机、机顶盒或游戏机上。2001 年 1 月发布的 Linux 2.4 版内核已经能够完全支持 Intel 64 位芯片架构。同时 Linux 也支持多处理器技术，支持多个处理器同时工作，使系统性能大大提高。

8. 可移植性

Linux 的可移植性是指 Linux 可以安装并运行在不同架构的 CPU 设备上。每个 CPU 生产厂商定义的 CPU 指令集是不同的，因此，只能使用定制设计的操作系统。Linux 操作系统 95% 以上的实现代码都是用 C 语言编写的，由于 C 语言是一种与机器无关的高级语言，而 C 语言是可移植的（C 编译器是用 C 语言编写的），因此，Linux 操作系统也是可移植的。

普通用户可以在其权限许可的范围内使用系统资源，而超级用户（用户名为 root）不仅可以使用系统中的所有资源，还可以管理系统资源。

≫ 1.3　主流 Linux 发行版本

Linux 开源系统有众多发行版本，尽管对抗 Windows 和 Mac OS X 的路途十分艰难，但是很多 Linux 发行版本依然赢得了用户的口碑，并且越来越受欢迎。国外媒体评选出了以下 5 种最受欢迎且比较流行的 Linux 发行版本。

1.3.1 ≫ Ubuntu

Ubuntu 由马克・舍特尔沃斯（Mark Shuttleworth）创立，其首个版本（4.10 版）发布于 2004 年 10 月 20 日，它以 Debian 为开发蓝本。Ubuntu 的开发是为了使个人计算机变得简单易用，同时也提供针对企业应用的服务器版本。Ubuntu 的每个新版本都会包含当时最新的 GNOME（The GNU Network Object Model Environment）桌面环境，通常在 GNOME 发布新版本后一个月内发行。与其他基于 Debian 的 Linux 发行版本，如 MEPIS、Xandros、Linspire、Progeny 和 Libranet 等相比，Ubuntu 更接近 Debian 的开发理念，它主要使用自由、开源的软件，而其他发行版本往往会附带很多闭源的软件。

Ubuntu 每个版本都有代号和版本号，版本号源自发布日期。例如，第一个版本（4.10 版）是在 2004 年 10 月发布的。

1.3.2 ≫ Fedora

Fedora 于 2004 年 9 月正式发布，其开端可以追溯到 1995 年，由 Bob Young 和 Marc Ewing 共同推出。2003 年，红帽（RedHat）公司正式推出了 Fedora Core，这也使得红帽迅速成为全球最大的 Linux 公司。

1.3.3 ≫ RedHat Enterprise Linux

RedHat 操作系统拥有强大的资源管理系统、稳定的应用开发、集成的虚拟化操作（KVM）、企业级的管理性能，支持所有领先的硬件架构平台，并且支持 10 年以上升级和技术支持的生命周期。RedHat 是一个商业操作系统，所以用户在使用时必须支付一定的费用给 RedHat 基金。

1.3.4 ▶▶ CentOS

CentOS 是一个社区企业级操作系统，其基础架构与 RedHat 操作系统基本相同，只是授权方式与 RedHat 不一样。CentOS 是一个免费且开源的发行版。如果用户需要一个免费企业级的服务器版本，同时不需要技术支持，那么 CentOS 是一个更好的解决方案。CentOS 具有非常好的社区支持，并有大量丰富的文档，这也是其日益流行的原因。

1.3.5 ▶▶ Back Track

对于与安全相关的测试，Back Track 是最佳选择。它具有非常多的内置工具和插件，可以用来测试网站和网络安全。Back Track 是一个基于 Debian 的操作系统，它能提供一种渗透测试的方法模型，这种方法能够为安全专家在遇到黑客攻击时提供一种原生环境的估计能力。

▶▶ 1.4 CentOS 安装

CentOS（Community Enterprise Operating System）是 Linux 发行版之一，它由 RedHat Enterprise Linux 依照开放源代码规定释出的源代码所编译而成。由于源代码相同，因此，有些要求高度稳定性的服务器用 CentOS 替代商业版的 RedHat Enterprise Linux。

1.4.1 ▶▶ 准备虚拟机软件 VirtualBox

虚拟机（VM，Virtual Machine）是指通过软件模拟且具有完整硬件系统功能，运行在一个完全隔离环境中的完整的计算机系统，目前主流的虚拟机软件有 VMware 和 VirtualBox，它们都能在 Windows 系统上虚拟出多个计算机，每个计算机可以是独立运行的，还可以像 Windows 系统一样安装各种软件。

1. 虚拟机的特点

虚拟机可以将一台计算机虚拟成多台计算机，整个机器的性能（比如 CPU、内存、存储空间）会被虚拟机所分配。因此，组建虚拟机通常是配置越高越好。另外，在一些实验环境中，或者有特殊需求时，比如要在 Windows 系统中使用 Linux 系统，最简单的解决办法就是使用虚拟机来搭建一个小型的环境来满足实验需求。

虚拟机有以下特点。

（1）在同一台计算机上可以运行多个操作系统，每个操作系统都有一个独立的虚拟机。

（2）可以同时运行两个以上虚拟机，比如 Windows7/Windows10，两个虚拟机之间可以进行对话。

（3）虚拟机之间或虚拟机与本地计算机之间可以共享文件、应用、网络资料等。

（4）虚拟机可以复制和迁移，运行在其他计算机虚拟环境上。

2. VirtualBox 安装

比较流行的虚拟机软件有 VMware（VMware ACE）、VirtualBox 和 Virtual PC，它们都能在 Windows 系统上虚拟出多个计算机，这里我们使用免费版的 VirtualBox，可以在其官网单击 Windows hosts 链接下载安装包，如图 1-2 所示。

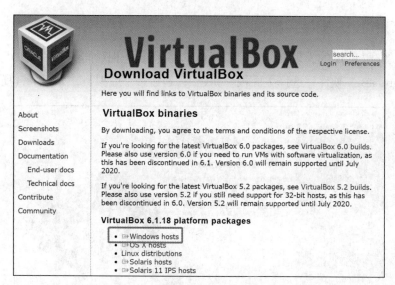

图1-2　Windows版VirtualBox

在 Windows 上双击下载安装包"VirtualBox-6.1.18-142142-Win.exe"进行安装，所有的安装步骤都选择默认设置即可，一直选择"下一步"，直到安装完毕。如果有弹出安装驱动的提示，请允许运行。VirtualBox 安装完毕界面如图 1-3 所示。

图1-3　VirtualBox安装完毕界面

1.4.2 ▶▶ CentOS 安装准备

安装 CentOS，可以使用 USB 方式安装，可以采用系统光盘方式安装，也可以使用 ISO 镜像文件安装，这里使用 ISO 镜像文件安装方式，项目准备如下。

（1）CentOS 7 的操作系统镜像安装文件。

（2）计算机硬件配置：CPU 双核 2.8 GHz，内存 8 GB，硬盘 500 GB。

1.4.3 ▶▶ CentOS 安装实施

对于安装过 Linux 的人来说，安装 CentOS 7 操作系统相对简单许多。

启动 VirtualBox 软件，选择主面板"新建"，新建一个虚拟机，如图 1-4 所示。

图1-4　新建虚拟机

新建虚拟机名称为"centos7"，文件夹指的是虚拟机存放路径，可以选择默认安装路径，类型选择"Linux"，版本选择"Other Linux（64-bit）"，如图 1-5 所示。

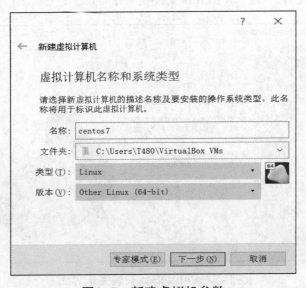

图1-5　新建虚拟机参数

设置虚拟机内存，默认设置为 512 MB，具体要根据计算机内存来进行分配，如果计算机内存为 8 GB，则设置 1 GB 或者 2 GB 的内存，虚拟机运行会比较流畅，如图 1-6 所示。

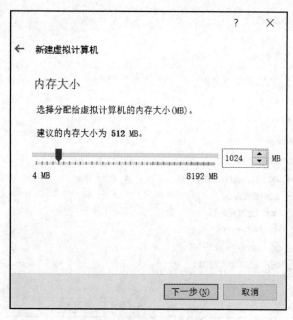

图1-6 虚拟机内存设置

磁盘默认大小为 8 GB，单击"创建"进入专家模式，也可以手动输入磁盘大小，虚拟机的磁盘作为一个或多个文件存储在物理磁盘中。我们可以设置动态分配，虚拟机文件开始很小，随着向虚拟机中添加应用程序、文件和数据，虚拟机文件会逐渐变大，如图 1-7 所示。

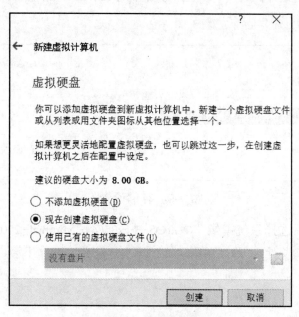

图1-7 磁盘配置

进入专家模式后，虚拟硬盘文件类型选择"VDI(VirtualBox 磁盘映像）"，自定义文件大小为"30.00 GB"，最后选择"创建"，如图 1-8 所示。

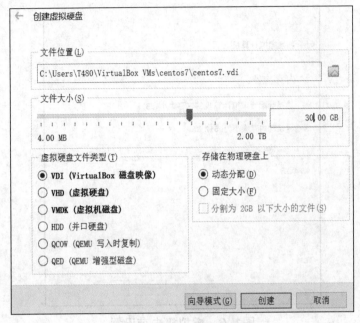

图1-8　自定义磁盘大小

虚拟机已经创建完毕，此时我们可以启动虚拟机，因为还没有选择操作系统镜像，所以启动后会提示无法启动。此时我们需要添加一个操作系统镜像，选择"CentOS7 设置"进入存储设置，单击"控制器：IED"，添加虚拟硬盘，选择添加虚拟光驱，如图 1-9 所示。

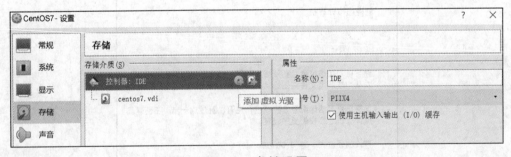

图1-9　存储设置

添加虚拟光驱后选择系统镜像"CentOS-7-x86_64-Minimal-2003.iso"（需要提前准备好 CentOS7 的镜像文件），最后单击"ok"再次启动虚拟机，开始 CentOS7 的安装，如图 1-10 所示。

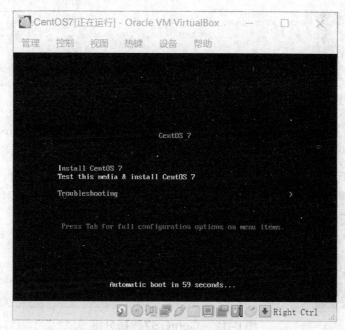

图1-10　安装界面

当提示选择语言和时区时，默认是"English"，然后单击"Continue"，如图 1-11 所示。

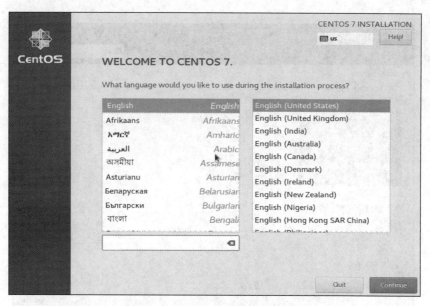

图1-11　选择语言和时区界面

选择系统分区，单击"INSTALLATION DESTINATION"，如图 1-12 所示。

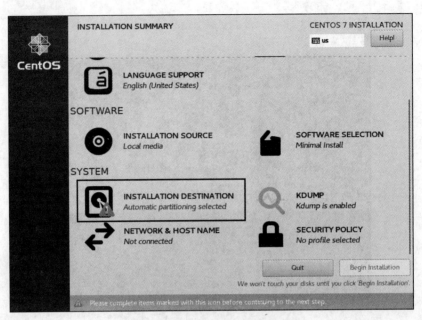

图1-12　CentOS7选择分区

在"INSTALLATION DESTINATION"界面选择"20 GiB"磁盘图标并单击"Done"，如图1-13所示。

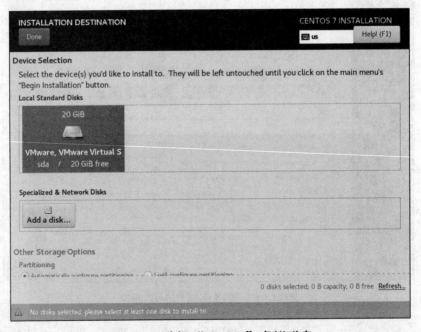

图1-13　选择"20 GiB"虚拟磁盘

单击"NETWORK & HOST NAME"设置网络连接，如图1-14所示。

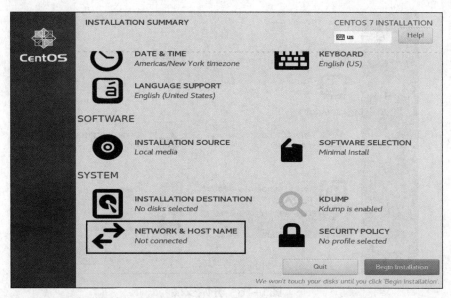

图1-14　设置网络NETWORK & HOST NAME

在网络连接"Ethernet（ens33）"后选择"ON"，并单击"Done"，如图 1-15 所示。

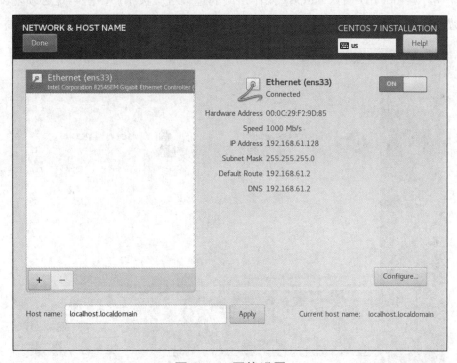

图1-15　网络设置

单击"Begin Installation"开始安装，如图 1-16 所示。

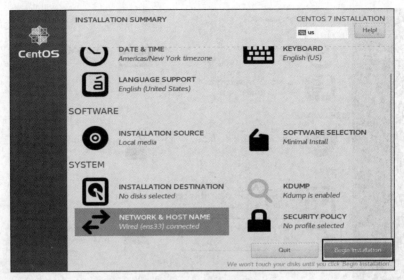

图1-16　开始安装

在安装过程中，系统给出了两个提示信息，需要用户设置 root 密码和创建用户，如图 1-17 所示。root 用户是 CentOS7 操作系统的超级管理员用户，密码是必须要设置的，我们设置为 "Password"。创建用户是指创建普通用户，暂不用设置，后面将会讲述。

图1-17　设置密码

安装完毕后单击"REBOOT"，重启后，再次进入系统，出现图 1-18 所示黑色命令行界面，这便是 CentOS7 的登录界面，在光标闪耀处输入用户名"root"，输入安装时设置的密码"Password"并单击"Enter"即可登录，如图 1-18 所示。

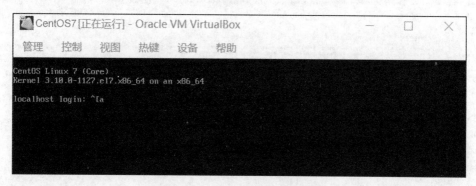

图1-18　CentOS7登录界面

1.4.4 ▶▶▶ 操作与管理 Tomcat

1. Tomcat 的背景

Tomcat 是一种野外的猫科动物，不依赖人类，独立生活。Tomcat 的作者取这个名字的初衷是希望这款服务器可以自力更生、自给自足，像 Tomcat 这种野生动物一样，不依赖其他插件，达到独立提供 Web 服务的效果。

2. 什么是 Tomcat

Web 容器是一种服务程序，服务器每一个端口都有一个提供相应服务的程序，而这个程序能够处理从客户端发出的请求。Tomcat 属于 Web 容器的一种。Tomcat 是 Apache 软件基金会（Apache Software Foundation）Jakarta 项目中的一个核心项目，由 Apache、Sun 和其他公司及个人共同开发而成。Tomcat 是常见的免费的 Web 服务器，属于轻量级应用服务器，在中小型系统和并发访问用户不是很多的场合下被普遍使用。对于一个初学者来说，可以这样认为，在一台机器上配置好 Apache 服务器后，可利用 Tomcat 响应 HTML 页面的访问请求。

3. Tomcat 的特点

（1）运行时占用的系统资源少。

（2）扩展性好，完全免费。

（3）支持负载平衡与邮件服务等开发应用系统常用的功能。

4. Tomcat 的安装、配置与启动

（1）在 Tomcat 官网下载 Tomcat8.5.59 版本的安装包，选择版本界面，如图 1-19 所示。

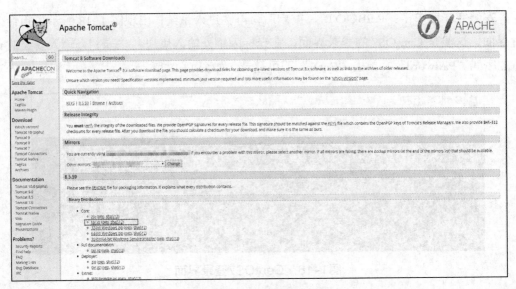

图1-19 选择版本界面

（2）将下载好的 JDK 安装包"jdk-8u271-Linux-x64.tar…"通过 SSH Secure File Transfer Client 工具上传到 CentOS 系统 Linux 服务器"/usr/local/jdk"目录下，操作结果如图 1-20 所示。

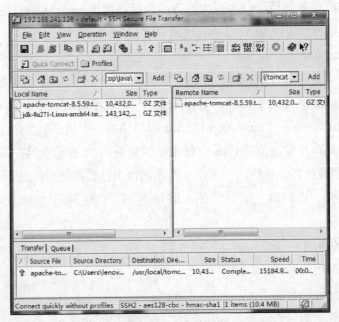

图1-20 ftp工具

（3）进入"/usr/local/Tomcat"目录中，解压上传的 JDK 安装包，执行以下命令，如图 1-21 所示。

```
# tar zxvf  apache-Tomcat-8.5.59.tar.gz
```

```
[root@localhost tomcat]# tar zxvf apache-tomcat-8.5.59.tar.gz
```

图1-21　解压命令

（4）进入 Tomcat 主目录下的"conf"目录，使用 vi 编辑 server.xml，找到图 1-22 中方框的位置，将"port"改为想要的端口号，默认 8080。

```
<!-- A "Service" is a collection of one or more "Connectors" that share
     a single "Container" Note: A "Service" is not itself a "Container",
     so you may not define subcomponents such as "Valves" at this level.
     Documentation at /docs/config/service.html
  -->
<Service name="Catalina">

  <!--The connectors can use a shared executor, you can define one or more named thread pools-->
  <!--
  <Executor name="tomcatThreadPool" namePrefix="catalina-exec-"
      maxThreads="150" minSpareThreads="4"/>
  -->


  <!-- A "Connector" represents an endpoint by which requests are received
       and responses are returned. Documentation at :
       Java HTTP Connector: /docs/config/http.html
       Java AJP  Connector: /docs/config/ajp.html
       APR (HTTP/AJP) Connector: /docs/apr.html
       Define a non-SSL/TLS HTTP/1.1 Connector on port 8080
  -->
  <Connector port="8080" protocol="HTTP/1.1"
             connectionTimeout="20000"
             redirectPort="8443" />
  <!-- A "Connector" using the shared thread pool-->
  <!--
  <Connector executor="tomcatThreadPool"
             port="8080" protocol="HTTP/1.1"
             connectionTimeout="20000"
             redirectPort="8443" />
  -->
  <!-- Define an SSL/TLS HTTP/1.1 Connector on port 8443
       This connector uses the NIO implementation. The default
       SSLImplementation will depend on the presence of the APR/native
       library and the useOpenSSL attribute of the
       AprLifecycleListener.
                                                        49,1          34%
```

图1-22　端口设置

（5）进入 Tomcat 安装"bin"目录并启动，执行以下命令，如图 1-23 所示。

```
#cd usr/local/tomcat/apache-tomcat-8.5.32/bin/
#./startup.sh
```

```
[root@localhost bin]# cd usr/local/tomcat/apache-tomcat-8.5.32/bin
-bash: cd: usr/local/tomcat/apache-tomcat-8.5.32/bin: No such file or directory
[root@localhost bin]# ./startup.sh
Using CATALINA_BASE:   /usr/local/tomcat/apache-tomcat-8.5.59
Using CATALINA_HOME:   /usr/local/tomcat/apache-tomcat-8.5.59
Using CATALINA_TMPDIR: /usr/local/tomcat/apache-tomcat-8.5.59/temp
Using JRE_HOME:        /usr/local/jdk/jdk1.8.0_271
Using CLASSPATH:       /usr/local/tomcat/apache-tomcat-8.5.59/bin/bootstrap.jar:/usr/local/to
mcat/apache-tomcat-8.5.59/bin/tomcat-juli.jar
Using CATALINA_OPTS:
Tomcat started.
```

图1-23　启动Tomcat

（6）成功启动后，在浏览器输入 http://localhost:8080/ 查看信息（如果不是本机，则输入对应的 IP 地址），访问成功。

>>**1.5** 本章小结

　　Linux 是一个免费的多用户、多任务的操作系统，其运行方式、功能和 UNIX 系统很相似。Linux 系统的稳定性、安全性与网络功能是许多其他商业操作系统所无法比拟的。近几年来，Linux 系统的应用范围主要涉及应用服务器、嵌入式领域、软件开发以及桌面应用 4 个方面。

　　Linux 系统具有开放性、多用户、多任务、用户界面良好、设备独立性高、网络功能丰富、系统安全以及可移植性高等特点。Linux 系统一般由内核、Shell、文件系统和应用程序 4 个部分组成。内核、Shell 和文件系统一起构成了基本的操作系统结构。它们使用户可以运行程序，管理文件并使用系统。

　　Linux 的版本号分为两部分，即内核版本与发行版本。内核版本是一个用来和硬件打交道并为用户程序提供一个有限服务集的低级支撑软件，而 Linux 发行版本是指一些组织和厂商，它将 Linux 系统的内核、应用软件和文档包装起来，并提供一些系统安装界面和系统配置设定管理工具的高级版本。

>>**1.6** 本章习题

一、单选题

1. 在 CentOS 中，系统默认的（　　　）用户对整个系统拥有完全的控制权。

　A. root　　　　　　B. guest　　　　　　　C. administrator　　　　D. supervisor

2. 下列哪个目录存放用户密码信息？（　　　）

　A. /boot　　　　　B. /etc　　　　　　　　C. /var　　　　　　　　D. /dev

二、多选题

1. 常见的主流 Linux 发行版本有（　　　）、Fedora 和 Back Track。

　A. ubuntu　　　　B. RedHat　　　　　　　C. CentOS　　　　　　　D. MacOS

2. 下列关于 Linux 的特点描述正确的是（　　　）。

　A. 完全免费　　　　　　　　　　　　B. 安全性、稳定性

　C. 可代替性　　　　　　　　　　　　D. 支持多种平台

3. 虚拟机可以虚拟安装哪些系统？（　　　）

　A. Linux　　　　　B. Windows10　　　　　C. CentOS7　　　　　　D. Android

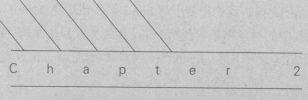

Chapter 2

第 2 章

Linux 系统使用注意事项

内容导学

在正式学习 Linux 系统之前，我们需要了解 Linux 系统使用注意事项，本章列举了五点在学习 Linux 系统过程中的注意事项，包括 Linux 系统文件目录结构、Linux 系统文件目录用途、Linux 系统严格区分大小写、Linux 系统文件扩展名、Linux 系统文件等。

学习目标

① 熟悉 Linux 系统的文件目录结构。

② 掌握 Linux 与 Windows 文件目录的一些区别。

③ 掌握 Linux 和 Windows 扩展名及文件系统的不同。

≫ 2.1 Linux 系统文件目录结构

Linux 系统所有的目录和文件都是放在"/"下的，不同于 Windows 系统，没有 C 盘、D 盘、E 盘，只有一个根目录(/)，所有的文件都存储在根目录的树形结构中，如图 2-1 所示。"/"根目录下面还有 bin 目录、root 目录、home 目录等，这些子目录就相当于 Windows 操作系统 C 盘中的 Intel 文件夹、Program Files 文件夹等，如图 2-2 和图 2-3 所示。

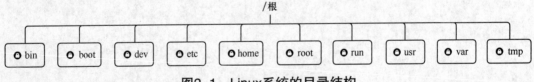

图2-1　Linux系统的目录结构

电脑 > 本地磁盘 (C:) >		∨	↻
名称 ^	修改日期	类型	
Intel	2020/10/12 17:45	文件夹	
PerfLogs	2020/10/9 11:08	文件夹	
Program Files	2020/10/10 16:58	文件夹	
Program Files (x86)	2020/10/12 16:47	文件夹	
Windows	2020/10/12 16:25	文件夹	
用户	2020/10/9 12:21	文件夹	

图2-2　Windows系统目录结构

图2-3　Linux系统实际目录结构

　　路径分为绝对路径和相对路径，绝对路径是指目录路径从"/"磁盘根目录开始。相对路径是指相对当前的工作路径，如果路径以"/"开头，则表示该路径是绝对路径。"../"表示上级目录，"./"表示当前目录，普通文件可以省略"./"，可执行文件必须加"./"。

▶▶2.2　Linux 系统文件目录用途

　　Linux 基金会发布了文件系统层次化标准（FHS，Filesystem Hierarchy Standard），该标准规定了主要文件夹的用途，表 2-1 介绍了目录对应的功能。

表2-1　目录作用简述

一级目录	功能 / 作用
/bin/	存放系统命令，普通用户和 root 都可以执行。放在 /bin/ 下的常用命令，如 cp、ls、cat 等
/dev/	设备文件保存位置
/etc/	配置文件保存位置。系统内所有采用默认安装方式（rpm 安装）的服务配置文件（如用户信息、服务的启动脚本、常用服务的配置文件等）全部保存在此目录中
/home/	普通用户的主目录（也称为家目录）。在创建用户时，每个用户要有一个默认登录和保存自己的数据的位置，即用户的主目录，所有普通用户都会在 /home/ 下建立一个与用户名相同的目录
/lib/	系统调用的函数库保存位置
/media/	挂载目录。系统建议用来挂载媒体设备，如软盘和光盘
/opt/	第三方安装的软件保存位置。这个目录是放置和安装其他软件的位置，手工安装的源码包软件都可以安装到这个目录中
/root/	root 的主目录。普通用户主目录在 /home/ 下，root 主目录直接在 "/" 下
/sbin/	保存与系统环境设置相关的命令，只有 root 可以使用这些命令进行系统环境设置，但有些命令也可以允许普通用户查看
/srv/	服务数据目录。一些系统服务启动之后，可以在这个目录中保存所需要的数据
/tmp/	临时目录。系统存放临时文件的目录，在该目录下，所有用户都可以访问和写入。建议此目录中不保存重要数据，最好每次开机都把该目录清空
/boot/	系统启动目录，保存与系统启动相关的文件，如内核文件和启动引导程序（Grub）文件等

▶▶2.3　Linux 系统严格区分大小写

　　Linux 系统和 Windows 系统不同，Linux 系统严格区分大小写，包括文件名和目录名、命令和命令选项、配置文件等。例如，我们在 Linux 系统中创建文件夹 Folder 和 folder，如图 2-4 所示，在 Linux 系统中，Folder 和 folder 不是同一个文件夹，而在 Windows 系统中，系统会提示文件名冲突。

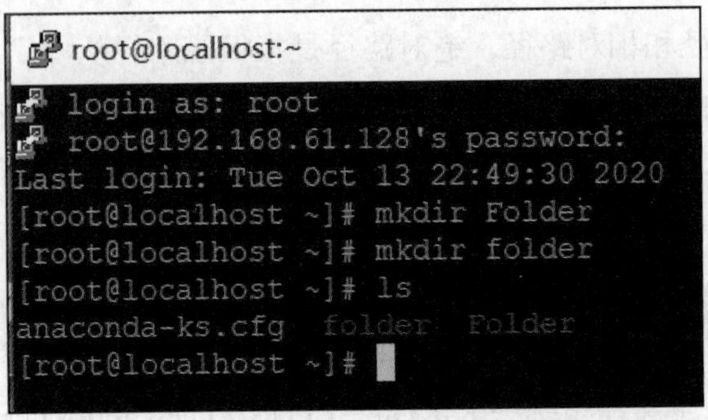

图2-4　folder文件夹严格区分大小写

2.4　Linux 系统文件扩展名

我们知道在 Windows 系统中，用户须依赖扩展名区分文件类型，比如"exe"是执行文件、"ini"是配置文件、"txt"是文本文件，但 Linux 系统是通过权限位标识来确定文件类型的，常见的文件类型也只有普通文件、目录、链接文件、块设备文件等。Linux 系统的可执行文件就是普通文件被赋予了可执行权限而已。Linux 系统中的一些特殊文件仍然有扩展名，写这些扩展名是为了帮助管理员区分不同的文件类型。文件扩展名主要有以下几种。

（1）压缩包：Linux 下常见的压缩文件名有 .tgz、.tar.gz、.zip、.gz、.bz2。

（2）二进制软件包：CentOS 中所使用的二进制安装包是 RPM 包，所有的 RPM 包都以".rpm"扩展名结尾。

（3）程序文件：Shell 脚本一般以".sh"扩展名结尾，也有 Python 文件以".py"扩展名结尾。

2.5　Linux 系统文件

Linux 系统中所有内容都是以文件的形式保存和管理的，包括普通文件、目录、硬件设备（键盘、监视器、硬盘、打印机）、网络通信资源等，如图 2-5 所示。

普通文件类似于 Windows 系统中的文件，可以分为一般文件和可执行文件。一般文件的特点是可以使用编辑器打开查看文件内容，或者可以在其中写内容；可执行文件在 Windows 系统中一般以 exe、msi、bat 等为后缀，其特点是双击便可以直接运行，在 Linux 系统中可执行文件显示为绿色。

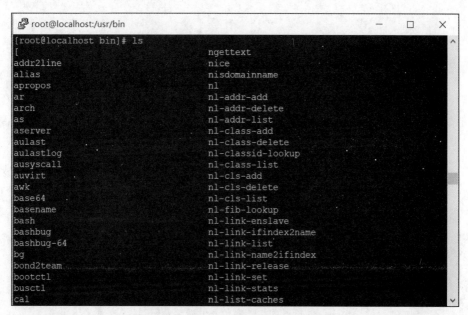

图2-5　Linux系统中的文件

>>2.6　本章小结

本章介绍了 Linux 系统在使用时和 Windows 系统的一些不同之处与应该注意的事项，强调了在操作 Linux 系统时要注意区分大小写。此外，本章还介绍了 Linux 基金会发布的文件系统层次标准、文件夹的用途、相对路径和绝对路径的概念和表示方式，以及 Linux 系统中特殊文件的扩展名的作用。

>>2.7　本章习题

一、单选题

系统用户的账户信息被存储在下面哪个文件中？（　　　）

　A. /etc/fstab　　　　B. /etc/shadow　　　　C. /etc/passwd　　　　D. /etc/inittab

二、多选题

Linux 系统的基本文件类型有哪几种？（　　　）

　A. 普通文件　　　B. 目录文件　　　　C. 链接文件　　　　D. 设备文件

三、判断题

Linux 系统下可以创建 Test 和 test 目录。（　　　）

Chapter 3

第 3 章

Linux 系统常用入门命令

CentOS 是命令行模式的操作系统，如果安装了与图形相关的程序包，则可以切换到 CentOS 的图形界面。但是在实际工作中，大多数的 Linux 用户并不会通过图形界面来操作 Linux 系统，而是通过命令行界面来完成对 Linux 系统的各项操作，因为通过命令行界面操作 Linux 系统更快捷、稳定和高效。管理 Linux 操作系统的命令有很多，本章选用了一些对初学者而言非常重要的命令行，包括 uname 命令、reboot 命令、shutdown 命令、cd 命令、ls 命令、pwd 命令、touch 命令、mkdir 命令、cp 命令、rm 命令、vi 编辑器、grep 命令、find 命令、cat 命令、head 命令、tail 命令。本章将对这些命令逐一进行介绍。

① 能够使用客户端工具远程操作 Linux 系统。
② 掌握 Linux 常用系统、文件夹、文件操作命令。
③ 掌握 Vi/Vim 文本编辑器操作方法。
④ 掌握 Linux 系统进程查看和操作方法。

>> 3.1 Linux 系统的远程登录

Linux 系统主要应用于服务器，而服务器一般放在机房或是云端，所以我们平时都要远程登录 Linux 系统。Linux 系统是通过 ssh 服务实现远程登录功能的。默认 ssh 服务开启了 22 端口，而且当我们安装完系统时，这个服务已经被安装，并且在开机时会启动。Windows 操作系统需要安装一个客户端软件，常见的客户端登录软件有 Putty、SSH Secure Shell、SecureCRT 等。笔者喜欢用 Putty，因为它小巧且美观，不管用户使用哪个客户端软件，目的只有一个，即登录 Linux 服务器。

访问 Putty 官网下载该软件，下载完毕后双击运行 putty.exe。

在 Host Name（或 IP address）下面的输入框中输入要登录的远程服务器 IP 地址（可以通过 IP addr 命令在服务器中获得 IP 地址），在 Port 位置输入 22，然后按 <Enter> 键，进入 Putty 启动界面，如图 3-1 所示。

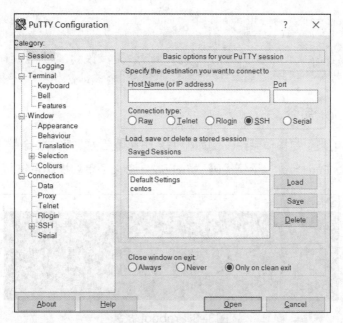

图3-1　Putty启动界面

　　输入 root，然后按 <Enter> 键，再输入密码，即可登录到远程的 Linux 系统，如图 3-2 所示。

图3-2　Putty登录界面

>> 3.2　uname、reboot、shutdown、clear 命令

3.2.1 ►► uname 命令

　　uname 命令用来查看操作系统信息。命令：uname[参数]。作用：获取计算机操作系统相关信息。参数：参数 –a 代表 all，表示获取全部系统信息（类型、全部主机名、内核版本、发布时间）。用法：直接输入 uname 或者 uname –a。示例代码：#uname #uname –a。

```
[root@localhost ~ ]# uname
Linux
[root@localhost ~ ]# uname -a
Linux localhost.localdomain 3.10.0-1127.el7.x86_64 #1 SMP Tue Mar 31
23:36:51 UTC 2020 x86_64 x86_64 x86_64 GNU/Linux
```

3.2.2 ►►► reboot 命令

reboot 命令用来重启操作系统，例如配置系统环境后需要重启。命令：reboot。用法：输入 reboot，按 <Enter> 键。示例代码：#reboot。含义：重启操作系统，如图 3-3 所示。

图3-3　reboot命令

3.2.3 ►►► shutdown 命令

shutdown 命令用来关闭操作系统。用法一：输入 shutdown，按 <Enter> 键；示例代码：#shutdown；含义：使系统在 60 s 后关机。用法二：输入 shutdown 加参数 –h 加数字，数字代表秒数，在秒数后关机，now 表示立即关机；示例代码：#shutdown –h 10；含义：延迟关机，使系统在 10 s 后关机。若取消关机，可以输入 shutdown –c 取消，若立即关机，可以输入 shutdown now，如图 3-4 所示。

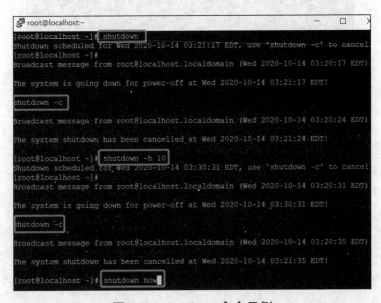

图3-4　shutdown命令示例

3.2.4 ▸▸▸ clear 命令

当我们在终端屏幕上操作了很多命令，不方便查看屏幕信息时，我们可以使用 clear 命令清屏。命令：clear。作用：清除终端信息（清屏）。用法：直接输入 "clear"，按 <Enter> 键。示例代码：#clear。含义：清除屏幕信息。

```
[root@localhost home]# clear
```

>>3.3 cd、ls、pwd 命令

3.3.1 ▸▸▸ cd 命令

在 Windows 图形操作系统中，如果要进入某个盘，可以通过双击盘符图标实现；在 Linux 操作系统中，想要进入 "/" 根目录，只要在命令行界面输入 "cd /" 命令，然后按 <Enter> 键即可，注意 cd 命令和根目录之间有空格，具体命令如下。

```
[root@localhost ~ ]# cd /
[root@localhost /]#
```

切换到 /usr/local/ 目录下，示例代码：#cd /usr/local。切换到上一级目录，示例代码：#cd..。切换到当前用户的 home 目录，示例代码：cd ~，如图 3-5 所示。

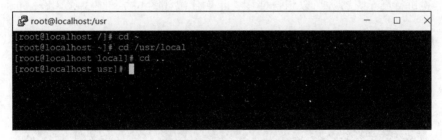

图3-5　cd命令示例

3.3.2 ▸▸▸ ls 命令

在 Windows 操作系统中，如果想看盘符中包含了哪些文件夹，只需要打开盘符即可；在 Linux 操作系统中，如果要查看 "/" 根目录具体包含了哪些目录页，则只需要执行 ls 命令，然后按 <Enter> 键即可。

示例用法一：直接输入 ls；示例代码：#ls；含义：列出当前工作路径下的文件名。

```
[root@localhost usr]# ls
bin  etc  games  include  lib  lib64  libexec  local  sbin  share  src  tmp
[root@localhost usr]#
```

示例用法二：ls 后面为绝对路径，列出某个路径下的文件名；示例代码：#ls /var/log；含义：列出 /var/log 目录下的文件名称。

```
[root@localhost usr]# ls /var/log
anaconda          btmp          dmesg.old             maillog    spooler
audit             chrony        firewalld             messages   tallylog
boot.log          cron          grubby_prune_debug    rhsm       tuned
boot.log-20201014 dmesg         lastlog               secure     wtmp
```

示例用法三：ls 后面为相对路径，列出某个路径下的文件名；示例代码：#ls anaconda；含义：列出当前工作路径下 anaconda 目录下的文件名。

ls 命令示例如图 3-6 所示。

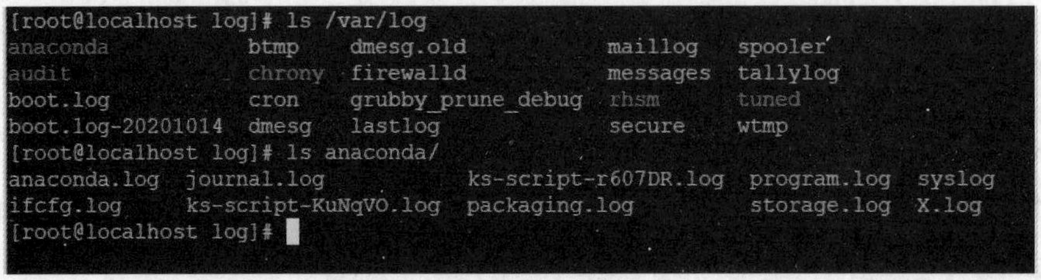

```
[root@localhost log]# ls /var/log
anaconda          btmp    dmesg.old           maillog   spooler
audit             chrony  firewalld           messages  tallylog
boot.log          cron    grubby_prune_debug  rhsm      tuned
boot.log-20201014 dmesg   lastlog             secure    wtmp
[root@localhost log]# ls anaconda/
anaconda.log  journal.log          ks-script-r607DR.log  program.log  syslog
ifcfg.log     ks-script-KuNqVO.log packaging.log         storage.log  X.log
[root@localhost log]#
```

图3-6　ls命令示例

示例用法四：ls 后面为参数选项和路径。常见的参数选项：-l，表示以详细列表的形式进行展示；-a，表示显示所有文件 / 文件夹（含隐藏文件和文件夹）；-h，表示以文档大小的形式进行展示。参数可以组合使用，示例代码如图 3-7、图 3-8、图 3-9 所示。

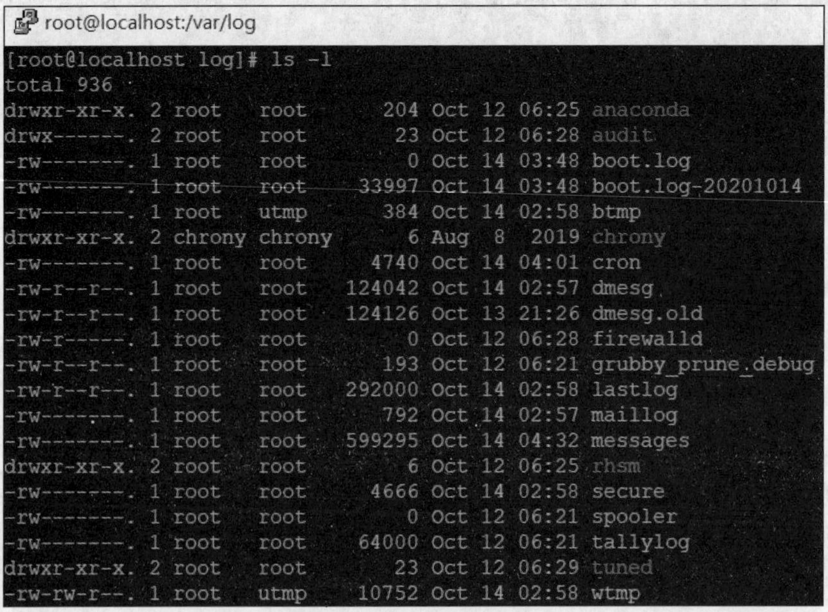

```
root@localhost:/var/log
[root@localhost log]# ls -l
total 936
drwxr-xr-x. 2 root   root      204 Oct 12 06:25 anaconda
drwx------. 2 root   root       23 Oct 12 06:28 audit
-rw-------. 1 root   root        0 Oct 14 03:48 boot.log
-rw-------. 1 root   root    33997 Oct 14 03:48 boot.log-20201014
-rw-------. 1 root   utmp      384 Oct 14 02:58 btmp
drwxr-xr-x. 2 chrony chrony      6 Aug  8  2019 chrony
-rw-------. 1 root   root     4740 Oct 14 04:01 cron
-rw-r--r--. 1 root   root   124042 Oct 14 02:57 dmesg
-rw-r--r--. 1 root   root   124126 Oct 13 21:26 dmesg.old
-rw-r-----. 1 root   root        0 Oct 12 06:28 firewalld
-rw-r--r--. 1 root   root      193 Oct 12 06:21 grubby_prune_debug
-rw-r--r--. 1 root   root   292000 Oct 14 02:58 lastlog
-rw-------. 1 root   root      792 Oct 14 02:57 maillog
-rw-------. 1 root   root   599295 Oct 14 04:32 messages
drwxr-xr-x. 2 root   root        6 Oct 12 06:25 rhsm
-rw-------. 1 root   root     4666 Oct 14 02:58 secure
-rw-------. 1 root   root        0 Oct 12 06:21 spooler
-rw-------. 1 root   root    64000 Oct 12 06:21 tallylog
drwxr-xr-x. 2 root   root       23 Oct 12 06:29 tuned
-rw-rw-r--. 1 root   utmp    10752 Oct 14 02:58 wtmp
```

图3-7　ls -l命令示例

root@localhost:/var/log

```
[root@localhost log]# ls -la
total 940
drwxr-xr-x.  7 root   root     4096 Oct 14 03:48 .
drwxr-xr-x. 19 root   root      267 Oct 12 06:28 ..
drwxr-xr-x.  2 root   root      204 Oct 12 06:25 anaconda
drwx------.  2 root   root       23 Oct 12 06:28 audit
-rw-------.  1 root   root        0 Oct 14 03:48 boot.log
-rw-------.  1 root   root    33997 Oct 14 03:48 boot.log-20201014
-rw-------.  1 root   utmp      384 Oct 14 02:58 btmp
drwxr-xr-x.  2 chrony chrony      6 Aug  8  2019 chrony
-rw-------.  1 root   root     4740 Oct 14 04:01 cron
-rw-r--r--.  1 root   root   124042 Oct 14 02:57 dmesg
-rw-r--r--.  1 root   root   124126 Oct 13 21:26 dmesg.old
-rw-r-----.  1 root   root        0 Oct 12 06:28 firewalld
-rw-r--r--.  1 root   root      193 Oct 12 06:21 grubby_prune_debug
-rw-r--r--.  1 root   root   292000 Oct 14 02:58 lastlog
-rw-------.  1 root   root      792 Oct 14 02:57 maillog
-rw-------.  1 root   root   599295 Oct 14 04:32 messages
drwxr-xr-x.  2 root   root        6 Oct 12 06:25 rhsm
-rw-------.  1 root   root     4666 Oct 14 02:58 secure
-rw-------.  1 root   root        0 Oct 12 06:21 spooler
-rw-------.  1 root   root    64000 Oct 12 06:21 tallylog
drwxr-xr-x.  2 root   root       23 Oct 12 06:29 tuned
-rw-rw-r--.  1 root   utmp    10752 Oct 14 02:58 wtmp
```

图3–8　ls –la命令示例

```
[root@localhost log]# ls -lh
total 936K
drwxr-xr-x. 2 root   root    204 Oct 12 06:25 anaconda
drwx------. 2 root   root     23 Oct 12 06:28 audit
-rw-------. 1 root   root      0 Oct 14 03:48 boot.log
-rw-------. 1 root   root    34K Oct 14 03:48 boot.log-20201014
-rw-------. 1 root   utmp    384 Oct 14 02:58 btmp
drwxr-xr-x. 2 chrony chrony    6 Aug  8  2019 chrony
-rw-------. 1 root   root   4.7K Oct 14 04:01 cron
-rw-r--r--. 1 root   root   122K Oct 14 02:57 dmesg
-rw-r--r--. 1 root   root   122K Oct 13 21:26 dmesg.old
-rw-r-----. 1 root   root      0 Oct 12 06:28 firewalld
-rw-r--r--. 1 root   root    193 Oct 12 06:21 grubby_prune_debug
-rw-r--r--. 1 root   root   286K Oct 14 02:58 lastlog
-rw-------. 1 root   root    792 Oct 14 02:57 maillog
-rw-------. 1 root   root   586K Oct 14 04:32 messages
drwxr-xr-x. 2 root   root      6 Oct 12 06:25 rhsm
-rw-------. 1 root   root   4.6K Oct 14 02:58 secure
-rw-------. 1 root   root      0 Oct 12 06:21 spooler
-rw-------. 1 root   root    63K Oct 12 06:21 tallylog
drwxr-xr-x. 2 root   root     23 Oct 12 06:29 tuned
-rw-rw-r--. 1 root   utmp    11K Oct 14 02:58 wtmp
```

图3–9　ls –lh命令示例

3.3.3 pwd 命令

在 Windows 操作系统中，如果要进入 D 盘某个文件夹，双击文件夹即可；在 Linux 操作系统中，如果要进入根目录下的 home 目录里，需要执行“cd/home”，然后按 <Enter> 键，具体命令如下。

```
[root@localhost ~ ]# cd /home
```

```
[root@localhost home]#
```

这时便成功切换到 home 目录了，但需要注意，home 目录在根目录的下面并没有显示出来，想要准确显示 home 的位置，可以使用 pwd 命令。命令：打印当前工作目录。用法：直接输入 pwd。示例代码：#pwd。含义：告诉用户当前所在路径。具体命令如下。

```
[root@localhost home]# pwd
/home
```

>> 3.4 touch、mkdir、cp、rm 命令

在 Windows 操作系统中我们经常进行新建文件、新建文件夹、复制文件、删除文件等操作，在 Linux 操作系统中，同样可以使用命令来完成这些操作。

3.4.1 ▶▶ touch 命令

在 Windows 操作系统中新建一个文件需要单击鼠标右键进行新建；在 Linux 操作系统中新建一个普通文件时，则需要用到 touch 命令，具体命令如下。

```
[root@localhost ~ ]# touch test
[root@localhost ~ ]# ls
anaconda-ks.cfg  folder  Folder  test
[root@localhost ~ ]#
```

命令：新建普通文件。用法：输入 touch 和文件名。示例代码：#touch test。含义：新建名为 test 的文本文档。可以通过 ls 命令检查当前目录下是否成功创建了"test"文件。

3.4.2 ▶▶ mkdir 命令

在 Windows 操作系统中新建一个文件同样需要单击鼠标右键进行新建；在 Linux 操作系统中新建目录时需要使用 mkdir 命令创建指定名称的目录，具体命令如下。

```
[root@localhost ~ ]# mkdir testFolder
[root@localhost ~ ]# ls
anaconda-ks.cfg  testFolder
[root@localhost ~ ]#
```

通过 mkdir 命令在当前目录下新建了一个名为"testFolder"的目录，可以通过 ls 命令检查当前用户目录下是否新增了"testFolder"目录。

3.4.3 ▶▶ cp 命令

在 touch 和 mkdir 命令的例子中，我们创建了 test 文件和 testFolder 文件夹，即 test 文件并不在 testFolder 目录下，此时如果想将 test 文件复制到 testFolder 目录中，应该如何操作呢？这就需要用到 cp 命令，具体命令如下。

```
[root@localhost ~ ]# ls
```

```
anaconda-ks.cfg  test  testFolder
[root@localhost ~ ]# cp test testFolder/
[root@localhost ~ ]# cd testFolder/
[root@localhost testFolder]# ls
test
[root@localhost testFolder]#
```

由于 test 文件是放在当前 root 目录下，所以可以使用"cp test testFolder"命令进行复制。也可以使用"cp test /root/testFolder"命令进行复制，复制完成后使用 cd 命令进入 testFolder 目录，并使用 ls 命令进行查看，可以看到 testFolder 目录下新增了 test 文件，由于 testFolder 是直接放在当前用户的根目录里，因此，可以直接使用"cd testFolder"命令进入，也可以使用"cd /root/testFolder"命令进入，相当于重新由根目录进入 root 目录再进入 testFolder 目录中，而不能写成"cd /testFolder"，因为进目录时必须一级一级地进入，不能跳级进入。

3.4.4　rm 命令

在 Windows 操作系统中删除文件和文件夹只需要选中文件或文件夹，单击右键选中"删除"选项即可，而在 Linux 操作系统中要用到 rm 命令，具体命令如下。

```
[root@localhost testFolder]# ls
test
[root@localhost testFolder]# rm -f test
[root@localhost testFolder]# cd ..
[root@localhost ~ ]# ls
anaconda-ks.cfg  test  testFolder
[root@localhost ~ ]# rm -rf testFolder/
[root@localhost ~ ]# ls
anaconda-ks.cfg  test
[root@localhost ~ ]#
```

第 1 条命令：执行 ls 显示当前目录的文件。第 2 条命令：使用 rm 命令进行文件删除，注意此命令后面加了"-f"选项，该选项代表强制删除 test 文件，使用 rm 命令删除文件后不能恢复，"-f"选项前后均有空格。第 3 条命令"cd .."：返回上一级目录。第 5 条命令：删除文件夹 testFolder，删除目录时需要加入"-r"选项才能删除，"-rf"代表强制删除目录及该目录下的内容，并且删除之后不能恢复。

≫3.5　vi/vim 编辑器

所有的 Linux 系统都会内建 vi 文本编辑器，vi 编辑器具有程序编写的能力，可以主动通过字体颜色辨别语法的正确性。vi/vim 编辑器共有 3 种模式，分别是命令模式、输入模式和底线命令模式。

3.5.1 ▸▸ 命令模式

输入 vi，启动 vi 后即进入命令模式（如图 3-10 所示）。此状态下敲击键盘会被 vi 识别为命令，而非输入字符。例如，我们按 <I> 键，并不会输入一个字符，而被当作了一个命令。

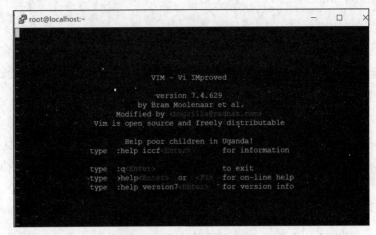

图3-10　vi启动命令模式

以下是常用的几个命令。

（1）I——切换到输入模式，以输入字符。

（2）x——删除当前光标所在处的字符。

（3）:——切换到底线命令模式，在最后一行输入命令。

若想要编辑文本，则先启动vim，进入命令模式，然后按 <I> 键切换到输入模式。命令模式只有一些最基本的命令，因此仍要依靠底线命令模式输入更多命令。

我们打开 vi 编辑器相当于打开了一个文本文档，但与文本文档不同的是，打开 vi 编辑器并不能立即进行编辑，此时 vi 编辑器正处于命令模式下，它需要接受相应的命令才能转入输入模式，可以按 <Insert> 或 <I> 等符号键，如图 3-11 所示。

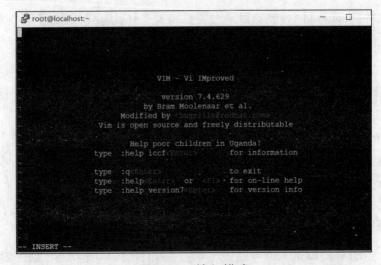

图3-11　输入模式

3.5.2 ▶▶▶ 输入模式

在命令模式下按 <I> 键就进入了输入模式。在输入模式中，可以使用以下按键。

（1）字符按键和 Shift 组合：输入字符。

（2）Enter：回车键，换行。

（3）Backspace：退格键，删除光标前一个字符。

（4）Delete：删除键，删除光标后一个字符。

（5）方向键：在文本中移动光标。

（6）Home/End：移动光标到行首 / 行尾。

（7）Page Up/Page Down：上 / 下翻页。

（8）Insert：切换光标为输入 / 替换模式，光标将变成竖线 / 下画线。

（9）Esc：退出输入模式，切换到命令模式。

按下键盘的 <Insert> 键后，vi 编辑器底部将出现"INSERT"，此时 vi 编辑器已经进入输入模式，即可以输入字符。用户输入信息后，需要按键盘左上角的 <Esc> 键，使 vi 编辑器由输入模式进入底线命令模式，如图 3-12 所示。

图3-12　退出输入模式

3.5.3 ▶▶▶ 底线命令模式

在命令模式下按下 <:> 键即可进入底线命令模式。底线命令模式可以输入单个或多个字符的命令，可用的命令非常多。在底线命令模式中，基本的命令如下（已经省略了冒号）。

（1）Q：退出程序。

（2）W：保存文件。

按 <Esc> 键可随时退出底线命令模式。同时按键盘上的 <Shift+:> 键，使 vi 编辑器由命令模式进入底线命令模式，在模式中输入"w 123"后，按 <Enter> 键就可以将此文本内容保存到名为"123"的文本文档。如果想退出 vi 编辑器，只需要同时按键盘上的 <Shift+:> 键，然后输入 q 后按 <Enter> 键即可。

▶▶ 3.6　find、grep 命令

在 Windows 操作系统中我们经常进行文件搜索，在 Linux 操作系统中，我们同样可以使用命令来完成这类操作。

3.6.1 ▶▶ find 命令

前面我们新建了一个名为"test"的文件，如果忘记了这个文件的位置，这时就可以使用 find 命令找到该文件的具体位置，命令如下。

```
[root@localhost ~]# find / -name test
/root/test
/usr/bin/test
/usr/lib/modules/3.10.0-1127.el7.x86_64/kernel/drivers/ntb/test
/usr/lib64/python2.7/test
/usr/lib64/python2.7/unittest/test
/home/test
[root@localhost ~]#
```

"find / –name test"（"/"和"–name"前后都有空格）命令的含义是在"/"根目录下查找名为"test"的文件，其中"–name"为 find 命令的选项，含义是"通过文件名进行查找"。查找的结果显示，在 root 目录下有 test 文件，在路径 /usr/bin/ 下也有 test 文件。

3.6.2 ▶▶ grep 命令

grep 是一个多用途的文本搜索工具，在 Linux 操作系统中使用频繁，并且很灵活，可以是变量，也可以是字符串。例如，grep a test.txt 表示在 test.txt 文件中搜索"a"所在的行。具体命令如下。

```
[root@localhost ~]# ls
anaconda-ks.cfg  test.txt
[root@localhost ~]# grep a test.txt
a123456
```

grep 命令把根目录下 test 文件中包含"a"字符的行过滤出来，如图 3–13 所示。

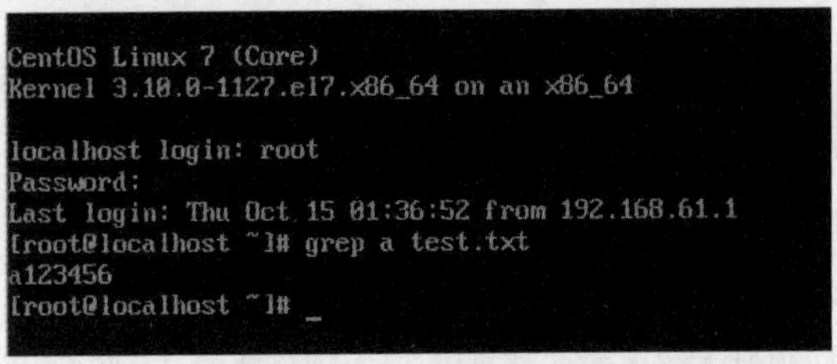

图3–13　grep命令

3.7 cat、head、tail 命令

在 Linux 系统中如果仅仅想查看某个文件的内容，我们可以使用 cat、head、tail 命令。

3.7.1 cat 命令

对文件的内容进行正序查看时，可以使用 cat 命令。下面介绍 cat 命令的用法。

（1）cat filename：正序查看文件所有内容。

（2）cat -n filename：带行号正序查看文件所有内容。

具体操作命令如图 3-14 所示，我们进入 /var/log 目录查看文件，使用 cat 命令查看 boot.log 文件内容。

```
[root@localhost ~]# cd /var/log
[root@localhost log]# ls
anaconda            btmp        firewalld            rhsm       wtmp
audit               chrony      grubby_prune_debug   secure
boot.log            cron        lastlog              spooler
boot.log-20201014   dmesg       maillog              tallylog
boot.log-20201015   dmesg.old   messages             tuned
[root@localhost log]# cat boot.log
[  OK  ] Started Show Plymouth Boot Screen.
[  OK  ] Reached target Paths.
[  OK  ] Started Forward Password Requests to Plymouth Directory Watch.
[  OK  ] Reached target Basic System.
[  OK  ] Found device /dev/mapper/centos-root.
```

图3-14　cat filename命令

使用 cat -n filename 查看 boot.log 文件内容，如图 3-15 所示。

```
root@localhost:/var/log
         Starting Terminate Plymouth Boot Screen...
[root@localhost log]# cat -n boot.log
     1  [  OK  ] Started Show Plymouth Boot Screen.
     2  [  OK  ] Reached target Paths.
     3  [  OK  ] Started Forward Password Requests to Plymouth Directory Watch.
     4  [  OK  ] Reached target Basic System.
     5  [  OK  ] Found device /dev/mapper/centos-root.
     6           Starting File System Check on /dev/mapper/centos-root...
     7  [  OK  ] Started File System Check on /dev/mapper/centos-root.
     8  [  OK  ] Started dracut initqueue hook.
     9  [  OK  ] Reached target Remote File Systems (Pre).
    10  [  OK  ] Reached target Remote File Systems.
    11           Mounting /sysroot...
    12  [  OK  ] Mounted /sysroot.
    13  [  OK  ] Reached target Initrd Root File System.
    14           Starting Reload Configuration from the Real Root...
    15  [  OK  ] Started Reload Configuration from the Real Root.
    16  [  OK  ] Reached target Initrd File Systems.
    17  [  OK  ] Reached target Initrd Default Target.
    18           Starting dracut pre-pivot and cleanup hook...
    19  [  OK  ] Started dracut pre-pivot and cleanup hook.
    20           Starting Cleaning Up and Shutting Down Daemons...
```

图3-15　cat -n filename命令

3.7.2 ▶▶▶ head 命令

如果使用 head 命令查看文件，默认情况只会显示该文件的前 10 行，可以使用 head –n 查看前 n 行文件内容，操作命令如图 3-16 所示。

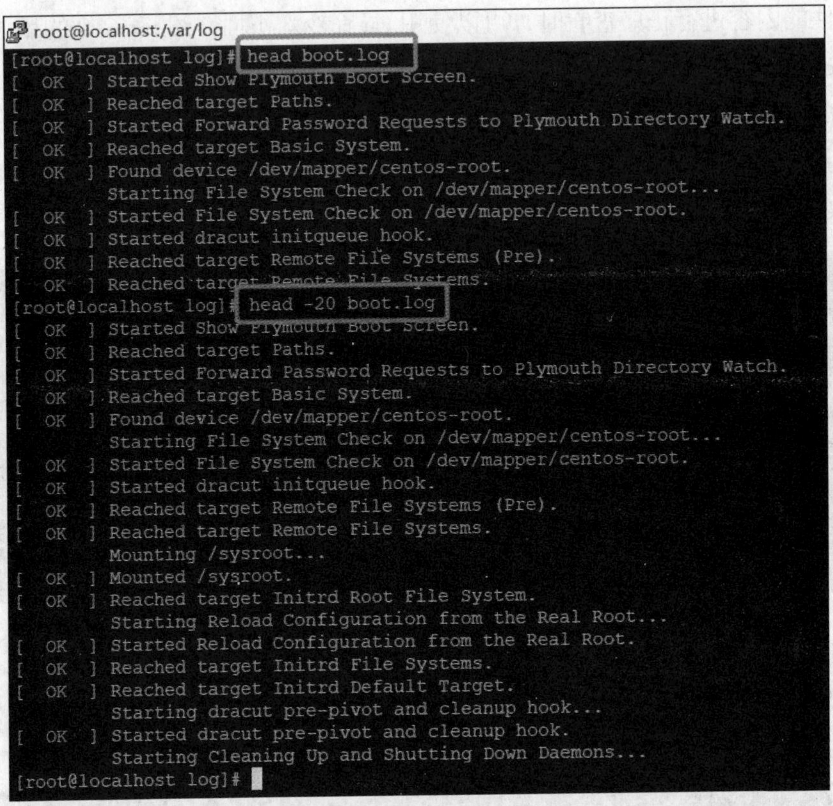

图3-16 head命令

3.7.3 ▶▶▶ tail 命令

tail 命令可以指定显示文件后若干行的内容，具体使用方法如下。

（1）tail filename：显示 filename 文件尾部内容，默认 10 行。

（2）tail –n filename：从第 n 行显示文件内容。

具体操作命令如图 3-17 所示，我们进入 /var/log 目录查看文件，使用 tail 命令查看 boot.log 文件内容。

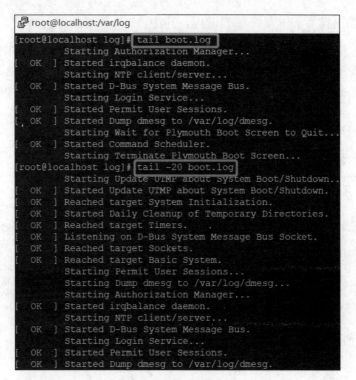

图3-17　tail命令

>>3.8 ps、kill、top 命令

3.8.1 >>> ps 命令

ps 命令用于列出执行 ps 命令时的进程快照，就像用相机给进程拍了一张照片，如果想要动态地显示进程的信息，就需要使用 top 命令。

常用选项说明如下。

（1）a：显示与终端相关的所有进程，包含每个进程的完整路径。

（2）x：显示与终端无关的所有进程。

（3）u：显示进程的用户信息。

（4）-e：显示所有进程。

（5）-f：额外显示 UID、PPID、C 与 STIME 栏位。

ps 命令不接受任何参数，操作命令如下。

```
[root@localhost log]# ps
 PID TTY          TIME CMD
 1921 pts/0    00:00:00 bash
 2335 pts/0    00:00:00 ps
```

输出的是使用者当前所在终端的进程，其中，PID 指进程的标识号，TTY 指进程所属的终端控制台，TIME 指进程使用的总 CPU 时间，CMD 指正在执行的命令行。

ps 常用命令组合 ps –ef，显示所有进程并显示每个进程的 UID、PPID、STIME。

```
[root@localhost log]# ps -ef
UID    PID  PPID  C STIME TTY      TIME CMD
root     1     0  0 Oct15 ?    00:00:01 /usr/lib/systemd/systemd --swi
root     2     0  0 Oct15 ?    00:00:00 [kthreadd]
root     4     2  0 Oct15 ?    00:00:00 [kworker/0:0H]
root     5     2  0 Oct15 ?    00:00:00 [kworker/u256:0]
root     6     2  0 Oct15 ?    00:00:00 [ksoftirqd/0]
```

ps aux 显示所有进程和用户信息。

```
[root@localhost log]# ps aux
USER PID %CPU %MEM    VSZ  RSS TTY   STAT START    TIME COMMAND
root   1  0.0  0.6 128016 6624 ?     Ss   Oct15    0:01 /usr/lib/syste
root   2  0.0  0.0      0    0 ?     S    Oct15    0:00 [kthreadd]
root   4  0.0  0.0      0    0 ?     S<   Oct15    0:00 [kworker/0:0H]
root   5  0.0  0.0      0    0 ?     S    Oct15    0:00 [kworker/u256:
root   6  0.0  0.0      0    0 ?     S    Oct15    0:00 [ksoftirqd/0]
```

3.8.2 ▶▶ kill 命令

kill 命令能够终止需要停止的进程。

常用选项说明如下。

（1）–l：列出全部信号的名称。

（2）–p：指定 kill 命令只打印相关进程的进程号，而不发送任何信号。

（3）–s：指定要发送的信号。

列出所有信号的名称 kill –l。

```
[root@localhost log]# kill -l
 1) SIGHUP      2) SIGINT    3) SIGQUIT   4) SIGILL    5) SIGTRAP
 6) SIGABRT     7) SIGBUS    8) SIGFPE    9) SIGKILL  10) SIGUSR1
11) SIGSEGV    12) SIGUSR2  13) SIGPIPE  14) SIGALRM  15) SIGTERM
```

kill 指令默认使用信号 15，用于终止进程，如果进程忽略此信号，则可以使用信号 9 强制终止进程，一般先通过 ps 查看要终止的进程号，然后使用 kill< 进程号 > 终止进程。

```
login as: root
root@192.168.61.128's password:
Last login: Fri Oct 16 02:19:22 2020 from 192.168.61.1
[root@localhost ~ ]# ps
 PID TTY          TIME CMD
2440 pts/0    00:00:00 bash
2455 pts/0    00:00:00 ps
[root@localhost ~ ]# kill -15 2440
[root@localhost ~ ]# kill -9 2440
```

如果信号 15 无法关闭指定进程，则可以使用 kill –9 2440 来进行关闭。killall 命令是通过进程名终止进程，使用 kill 命令终止进程还需要先获取进程的 PID（进程识别号），而使用 killall 命令可以直接以 "killall 进程名" 形式终止进程。

3.8.3 ▶▶ top 命令

top 命令用于对系统处理器的状态进行实时监控，它能够实时地显示系统中各个进程的资源占用状况。该命令可以按照 CPU 的使用、内存的使用和执行时间对系统任务进程进行排序显示。

选项说明如下。

（1）-a：将进程按照使用内存排序。

（2）-b：以批处理的模式显示进程信息，输出结果可以传递给其他程序或写入文件中，在这种模式下，top 命令不会接受任何输入，一直运行直到到达 -n 选项设定的阈值，或者按 <Ctrl+C> 组合键终止程序。

（3）-c：显示进程的整个命令路径，而不是只显示命令名称。

（4）-d：指定每两次屏幕信息刷新之间的时间间隔。

（5）-n：输出信息更新的次数，完成后将退出 top 命令。

（6）-p：显示指定的进程信息。

显示进程信息，如图 3-18 所示。

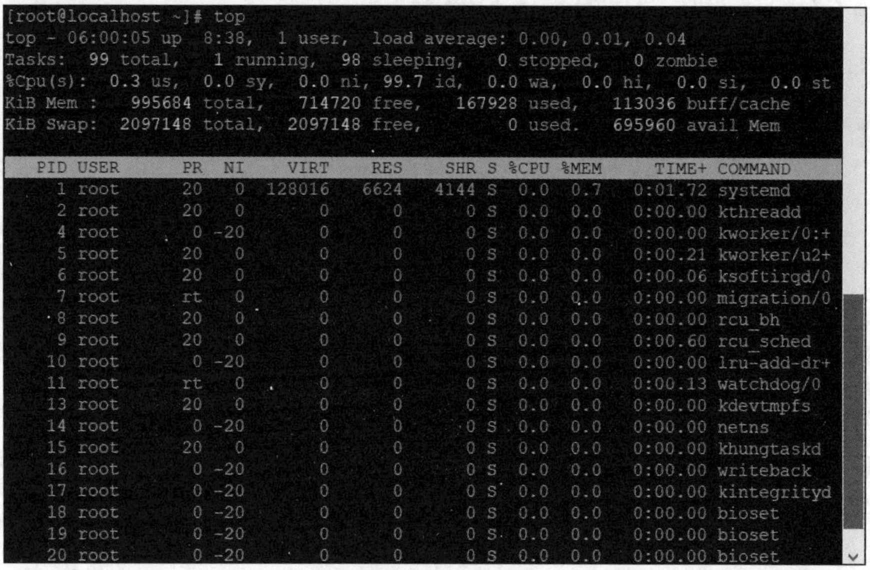

```
[root@localhost ~]# top
top - 06:00:05 up  8:38,  1 user,  load average: 0.00, 0.01, 0.04
Tasks:  99 total,   1 running,  98 sleeping,   0 stopped,   0 zombie
%Cpu(s):  0.3 us,  0.0 sy,  0.0 ni, 99.7 id,  0.0 wa,  0.0 hi,  0.0 si,  0.0 st
KiB Mem :   995684 total,   714720 free,   167928 used,   113036 buff/cache
KiB Swap:  2097148 total,  2097148 free,        0 used.   695960 avail Mem

  PID USER      PR  NI    VIRT    RES    SHR S  %CPU %MEM     TIME+ COMMAND
    1 root      20   0  128016   6624   4144 S   0.0  0.7   0:01.72 systemd
    2 root      20   0       0      0      0 S   0.0  0.0   0:00.00 kthreadd
    4 root       0 -20       0      0      0 S   0.0  0.0   0:00.00 kworker/0:+
    5 root      20   0       0      0      0 S   0.0  0.0   0:00.21 kworker/u2+
    6 root      20   0       0      0      0 S   0.0  0.0   0:00.06 ksoftirqd/0
    7 root      rt   0       0      0      0 S   0.0  0.0   0:00.00 migration/0
    8 root      20   0       0      0      0 S   0.0  0.0   0:00.00 rcu_bh
    9 root      20   0       0      0      0 S   0.0  0.0   0:00.60 rcu_sched
   10 root       0 -20       0      0      0 S   0.0  0.0   0:00.00 lru-add-dr+
   11 root      rt   0       0      0      0 S   0.0  0.0   0:00.13 watchdog/0
   13 root      20   0       0      0      0 S   0.0  0.0   0:00.00 kdevtmpfs
   14 root       0 -20       0      0      0 S   0.0  0.0   0:00.00 netns
   15 root      20   0       0      0      0 S   0.0  0.0   0:00.00 khungtaskd
   16 root       0 -20       0      0      0 S   0.0  0.0   0:00.00 writeback
   17 root       0 -20       0      0      0 S   0.0  0.0   0:00.00 kintegrityd
   18 root       0 -20       0      0      0 S   0.0  0.0   0:00.00 bioset
   19 root       0 -20       0      0      0 S   0.0  0.0   0:00.00 bioset
   20 root       0 -20       0      0      0 S   0.0  0.0   0:00.00 bioset
```

图3-18　top命令

在图 3-18 中，"top - 06:00:05 up 8:38, 1 user, load average: 0.00, 0.01, 0.04"这一行表示当前系统运行时间为 06:00:05，up 运行了 8 小时 38 分，当前有 1 个用户登录。

"Tasks: 99 total, 1 running, 98 sleeping, 0 stopped, 0 zombie"这一行表示系统共有 99 个进程，1 个处于运行状态，98 个处于休眠状态，0 个处于 stopped 状态，0 个处于 zombie（僵死）状态。

"KiB Mem: 995684 total, 714720 free, 167928 used, 113086 buff/cache" 这一行表示物理内存总量为 995684 KB，空闲内存为 714720 KB，使用内存为 167928 KB。

▶▶3.9 常用的压缩和解压缩命令

压缩文件不仅可以减少存储空间，在通过网络传输文件时，还可以减少传输时间。在Linux 操作系统中可以识别的场景压缩格式有十几种，下面介绍常用的几种格式。

3.9.1 ▶▶ zip 格式

zip 格式是 Windows 系统中常见的压缩格式，Linux 也可以正确识别该格式，如果提示 "command not found"，则需要使用命令安装 "yum −y install zip"。

zip 压缩命令格式：zip [选项] 压缩包名 源文件或源目标。选项 −r：压缩目录。示例：zip test.zip tomcat。

zip 对应的解压缩命令为 unzip 命令格式：unzip [选项] 压缩包名。选项 −d：指定解压缩位置。示例：unzip −d /tmp/ tomcat.zip。

zip 命令如图 3−19 所示。

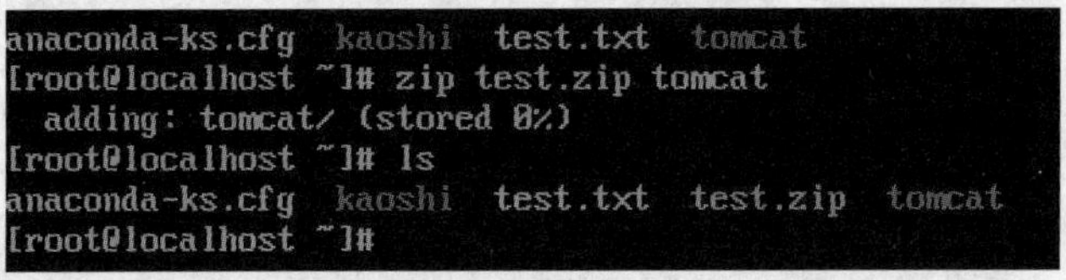

```
anaconda-ks.cfg  kaoshi  test.txt  tomcat
[root@localhost ~]# zip test.zip tomcat
  adding: tomcat/ (stored 0%)
[root@localhost ~]# ls
anaconda-ks.cfg  kaoshi  test.txt  test.zip  tomcat
[root@localhost ~]#
```

图3−19   zip命令

3.9.2 ▶▶ tar 格式

tar 格式的压缩和解压缩都使用 tar 命令，它们的区别是选项不同。

tar 压缩命令格式：tar [选项] [−f 压缩包名] 源文件或目录。−c：压缩。−f：指定压缩包的文件名，压缩包的扩展名是用来识别格式的，所以一定要正确指定扩展名。−v：显示压缩文件过程。示例：tar −cvf tomcat.tar tomcat。

tar 解压缩命令格式 tar [选项] 压缩包。选项 −x：解压缩。−f：指定压缩包的文件。−v：显示解压缩文件过程。−t：测试，即不解包，只是查看包中有哪些文件。示例：tar −xvf tomcat.tar。

tar 命令如图 3−20 所示。

```
[root@localhost ~]# tar -cvf tomcat.tar tomcat
tomcat/
[root@localhost ~]# tar -xvf tomcat.tar
tomcat/
[root@localhost ~]#
```

图3-20　tar命令

使用 tar 命令后跟选项的方式实现"tar 命令 +gzip 或者 bzip 命令"的组合，从而实现同时进行压缩和解压缩，这也是最常使用的压缩和解压缩方式。压缩示例：tar –zcvf tmp.tar.gz /tmp/ 把 tmp 目录打包压缩成 tar.gz 格式。解压缩示例：tar –zxvf tmp.tar.gz /tmp 解压缩到指定位置。

▶▶ 3.10　本章小结

命令行在 Linux 操作系统中占有重要地位，本章所提到的命令仅供读者入门学习，使读者对命令行有一个初步的认识。如果是初学者，可以购买一本 Linux 命令行的参考书，并建议至少掌握 50 个常用命令。由于测试人员需要部署测试环境或者在工作中分析缺陷，因此，需要查看系统日志，以及了解更多的后台知识，更好地完成工作。

▶▶ 3.11　本章习题

一、单选题

1. 在 RedHat Linux 9 中，系统默认的（　　　）用户对整个系统拥有完全的控制权。

   A. root 　　　　　B. guest 　　　　　C. administrator 　　　　D. supervisor

2. 下列哪个目录可以存放用户密码信息？（　　　）

   A. /boot 　　　　　B. /etc 　　　　　C. /var 　　　　　　　　D. /dev

3. 如果要列出一个目录下的所有文件，则需要使用命令行（　　　）。

   A. ls –l 　　　　　B. ls 　　　　　　C. ls –a(所有) 　　　　 D. ls –d

4. 除非特别指定，cp 假定要复制的文件在下面哪个目录下？（　　　）

   A. 用户目录 　　　 B. home 目录 　　 C. root 目录 　　　　　 D. 当前目录

5. 在 vi 编辑器里，命令"dd"用来删除当前的（　　　）。

   A. 行 　　　　　　 B. 变量 　　　　　C. 字 　　　　　　　　　D. 字符

6. 下列哪个命令可以终止一个用户的所有进程？（　　　）

   A. skillall 　　　　B. skill 　　　　　C. kill 　　　　　　　　 D. killall

7. 在 CentOS 中，一般用（　　　）命令来查看网络接口的状态。

   A. ping 　　　　　 B. ipconfig 　　　 C. winipcfg 　　　　　　 D. ip addr

8. vi 中的保存强制退出命令是（　　　）。

    A. :wq   B. :wq!   C. :q!   D. :quit

二、多选题

1. 用来显示文件内容的命令有（　　　）。

    A. cat   B. more   C. less   D. head

2. vi 的 3 种工作模式是（　　　）。

    A. 编辑模式   B. 插入模式   C. 命令模式   D. 检查模式

三、判断题

1. 在 Linux 系统中，以文件的方式访问设备。（　　　）

2. 编写的 shell 程序在运行前必须赋予脚本执行权限。（　　　）

第 4 章

MySQL 基础

在软件测试工作中，MySQL 数据库知识是我们必须掌握的内容之一，尤其是对数据的增加、修改、删除和查询等操作，是软件测试人员的基本功，想要更好地完成测试工作，在软件测试中发现缺陷，首先要熟悉 MySQL。

本章首先阐述了数据库的概念和 MySQL 的概念，列举了 MySQL 的特点，然后介绍了 MySQL 的安装教程以及 MySQL 常用的图形管理工具，为掌控 MySQL 数据库知识夯实基础。

学习目标

① 了解数据库的基本概念以及 MySQL 的特点。
② 掌握 MySQL 的安装和配置方法。
③ 了解 MySQL 图形管理工具的使用方法。

>> 4.1 数据库的概念

数据库（DB，DataBase）是一个存储数据的电子化文件柜，这个文件柜可以按照一定的数据结构来组织、存储数据。简单来说，数据库与我们现实生活中的图书馆的性质一样，图书馆的每本书都有一个编号，编号表示书的类别和顺序号，搜索编号就能找到需要的书。而数据库中存放的是各类数据。数据库的物理本质是一个文件系统，它按照特定的格式将数据存储起来，用户可以对数据库中的数据进行增加、修改、删除和查询（简称"增删改查"）操作。

数据库管理系统（DBMS，Database Management System）是指一种操作和管理数据的软件，用来建立、使用和维护数据库，对数据库进行统一管理和控制，以保证数据库的安全性和完整性。用户可以通过数据库管理系统访问数据库中的数据。按照数据的组织形式，数据库可以分为关系型数据库和非关系型数据库两种。

关系型数据库是创建在关系模型基础上的数据库，借助于集合代数等数学概念和方法来处理数据库中的数据。现实世界中的各种实体以及实体之间的各种联系均用关系模型来表示。所有的数据库管理系统几乎都配备了一个开放式数据库连接（ODBC）驱动程序，使各个数据库之间得以互相集成。关系型数据库的典型代表有 MySQL、Oracle、SQL Server 等。

非关系型数据库（NoSQL）是对不同于传统的关系型数据库的数据库管理系统的统称。非关系型数据库与关系型数据库最大的不同点是不使用 SQL 作为查询语言。非关系型数据库是近些年随着互联网快速发展而出现的概念，是随着规模日益扩大的海量无规则数据、超大规模与高并发的应用而产生的。非关系型数据库在严格意义上不是一种数据库，而是一种数据结构化存储方法的集合。传统关系型数据库按照关系表方式存储数据，而非关系型数据库采用 key –value 方式存储数据，提供了灵活性更高、扩展性更强的数据组织方式，更加适用于互联网数据。目前比较流行的 NoSQL 有 HBase、MongoDB、Redis 等。

4.2　MySQL 简介

MySQL 是一个关系型数据库管理系统（RDBMS，Relational Database Management System），由瑞典 MySQL AB 公司开发，目前属于 Oracle 旗下产品。在 Web 应用方面，MySQL 是非常出色的关系型数据库管理系统。

MySQL 具有体积小、速度快、性能高、使用简单等优点，同时，MySQL 开放的源代码，使其具有使用门槛低的特点。

4.3　CentOS 下 MySQL 的安装与配置

4.3.1　安装准备

CentOS 安全稳定。实际上有很多运行 Linux 的服务器可以持续运行数年，无须重启，依然能以良好的性能提供服务，作为 Web 应用后台数据库，MySQL 大部分也运行在 Linux 系统下。

（1）计算机硬件配置：CPU 双核 2.8 GHz，内存 2 GB，硬盘 500 GB。

（2）CentOS 7 的操作系统虚拟机已安装好。

（3）MySQL 具有开源性，用户可以在其官网下载最新版本的 MySQL 安装包。

4.3.2　安装实施

1. 用户可以在其官网下载最新版本的 MySQL 安装包。

2. 开启虚拟机进入 CentOS，检测系统是否自带 MySQL，输入以下命令，如图 4-1 所示。

```
# rpm -qa|grep -i mysql
```

```
[root@iZ2zea4jchbdwkyyxvq8w8Z /]# rpm -qa|grep -i mysql
```

图4-1　检查是否自带MySQL命令

如果需要进行强行卸载，卸载命令如下。

```
# rpm -e --nodeps mysql-libs-5.1.52-1.el6_0.1.x86_64
```

检测系统是否自带 mariadb，输入以下命令，如图 4-2 所示。

```
# rpm -qa|grep mariadb
```

```
[root@iZ2zea4jchbdwkyyxvq8w8Z /]# rpm -qa|grep mariadb
mariadb-libs-5.5.64-1.el7.x86_64
mariadb-5.5.64-1.el7.x86_64
mariadb-server-5.5.64-1.el7.x86_64
```

图4-2　检查系统是否自带mariadb命令

依次执行删除命令，如图 4-3 ~ 图 4-5 所示。

```
# rpm -e --nodeps mariadb-libs-5.5.64-1.el7.x86_64
```

```
[root@iZ2zea4jchbdwkyyxvq8w8Z /]# rpm -e --nodeps mariadb-libs-5.5.64-1.el7.x86_64
```

图4-3　删除mariadb-libs命令

```
# rpm -e --nodeps mariadb-5.5.64-1.el7.x86_64
```

```
[root@iZ2zea4jchbdwkyyxvq8w8Z /]# rpm -e --nodeps mariadb-5.5.64-1.el7.x86_64
```

图4-4　删除mariadb命令

```
# rpm -e --nodeps mariadb-server-5.5.64-1.el7.x86_64
```

```
[root@iZ2zea4jchbdwkyyxvq8w8Z /]# rpm -e --nodeps mariadb-server-5.5.64-1.el7.x86_64
```

图4-5　删除mariadb-server命令

3. 用连接工具将下载的 mysql-5.7.24-Linux-glibc2.12-x86_64.tar.gz 上传到 Linux 服务器 /data/software/ 的目录下。在 /data/software/ 目录下进行解压，解压命令如下。

```
#tar -zxvf mysql-5.7.24.tar.gz
```

解压完毕后重命名并将文件目录移动到 /usr/local 目录下，执行以下命令，如图 4-6、图 4-7 所示。

```
# mv mysql-5.7.24-Linux-glibc2.12-x86_64.tar.gz
```

```
[root@localhost software]# mv mysql-5.7.24-linux-glibc2.12-x86_64.tar.gz_
```

图4-6　移动MySQL安装包命令

```
# mv mysql-5.7.28 /usr/local/
```

```
[root@localhost software]# mv mysql-5.7.28 /usr/local/
```

图4-7　移动到local文件命令

4. 检查 mysql 组和用户是否存在，如果不存在，则进行相应的创建，分别执行以下命令。

```
# cat /etc/group|grep mysql
# groupadd mysql
# useradd -r -g mysql mysql
#useradd -r 参数表示 mysql 用户是系统用户，不可用于登录系统
```

5. 创建 data 目录，执行以下命令，如图 4-8 所示。

```
#cd/usr/local/mysql-5.7.24
进入 /usr/local/mysql-5.7.24
#mkdir data
```

```
[root@localhost mysql-5.7.24]# mkdir data_
```

图4-8　创建data文件夹命令

6. 将 /usr/local/mysql-5.7.24 的所有者及所属组改为 mysql，执行以下命令，如图 4-9 所示。

```
# chown -R mysql.mysql /usr/local/mysql-5.7.24
```

```
[root@localhost mysql-5.7.24]# # chown -R mysql.mysql /usr/local/mysql-5.7.24
```

图4-9　设置权限命令

7. 在 /usr/local/mysql-5.7.24/support-files 目录下创建 my_default.cnf 并配置文件，执行以下命令，如图 4-10 所示。

```
# touch my_default.cnf
# vim my_default.cnf
```

```
[root@localhost support-files]# touch my_default.cnf
```

```
[root@iZ2zea4jchbdwkyyxvq8w8Z support-files]# vim my_default.cnf
```

图4-10　设置文件命令

配置文件内容如下。

```
[mysqld]
# 设置 mysql 的安装目录
basedir =/usr/local/mysql-5.7.24
# 设置 mysql 数据库的数据存放目录
datadir = /usr/local/mysql-5.7.24/data
# 设置端口
port = 3306
socket = /tmp/mysql.sock
# 设置字符集
character-set-server=utf8
# 日志存放目录
log-error = /usr/local/mysql-5.7.24/data/mysqld.log
pid-file = /usr/local/mysql-5.7.24/data/mysqld.pid
# 允许时间类型的数据为零（去掉 NO_ZERO_IN_DATE,NO_ZERO_DATE）
sql_mode=ONLY_FULL_GROUP_BY,STRICT_TRANS_TABLES,ERROR_FOR_DIVISION_
BY_ZERO,NO_AUTO_CREATE_USER,NO_ENGINE_SUBSTITUTION
#ONLY_FULL_GROUP_BY,STRICT_TRANS_TABLES,NO_ZERO_IN_DATE,NO_
ZERO_DATE,ERROR_FOR_DIVISION_BY_ZERO,NO_AUTO_CREATE_USER,NO_ENGINE_
SUBSTITUTION
```

复制配置文件，执行以下命令，如图 4-11 所示。

```
# cp my_default.cnf /etc/my.cnf
```

```
[root@iZ2zea4jchbdwkyyxvq8w8Z support-files]# cp my_default.cnf /etc/my.cnf
```

图4-11　复制配置文件命令

8. 进入 /usr/local/mysql-5.7.24 目录初始化 mysql，执行以下命令，如图 4-12 所示。

```
# ./bin/mysqld --initialize --user=mysql --basedir=/usr/local/
mysql-5.7.24/ --datadir=/usr/local/mysql-5.7.24/data/
```

```
[root@localhost mysql-5.7.24]# ./bin/mysqld --initialize --user=mysql --basedir=/usr/local/mysql-5
.7.24/ --datadir=/usr/local/mysql-5.7.24/data/
```

图4-12　初始化mysql命令

如果报错：./bin/mysqld: error while loading shared libraries: libaio.so.1: cannot open shared object file: No such file or dictionary，就安装 libaio，如果未报错，则跳过 #yum install libaio。

初始化完成之后查看日志，输入以下命令，如图 4-13 所示，方框中的是临时密码。

```
#cat /usr/local/mysql-5.7.28/data/mysqld.log
```

```
[root@iZ2zea4jchbdwkyyxvq8w8Z mysql-5.7.28]# cat /usr/local/mysql-5.7.28/data/mysqld.log
2020-04-10T06:40:01.0902212 0 [Warning] TIMESTAMP with implicit DEFAULT value is deprecated. Please use --explicit_defaults_for_timestamp server option (see documentation for more details).
2020-04-10T06:40:01.0902842 0 [Warning] 'NO_ZERO_DATE', 'NO_ZERO_IN_DATE' and 'ERROR_FOR_DIVISION_BY_ZERO' sql modes should be used with strict mode. They will be merged with strict mode in a future release.
2020-04-10T06:40:01.1527632 0 [Warning] InnoDB: New log files created, LSN=45790
2020-04-10T06:40:02.2765382 0 [Warning] InnoDB: Creating foreign key constraint system tables.
2020-04-10T06:40:02.3440492 0 [Warning] No existing UUID has been found, so we assume that this is the first time that this server has been started. Generating a new UUID: 1b19cbf8-7af6-11ea-a2de-00163e30b2cf.
2020-04-10T06:40:02.3466062 0 [Warning] Gtid table is not ready to be used. Table 'mysql.gtid_executed' cannot be opened.
2020-04-10T06:40:03.2240452 0 [Warning] CA certificate ca.pem is self signed.
2020-04-10T06:40:03.5912672 1 [Note] A temporary password is generated for root@localhost: oRds.bqxP7fs
```

图4-13　临时密码命令

把启动脚本放到开机初始化目录，执行以下命令，如图 4-14 所示。

```
#cp support-files/mysql.server /etc/init.d/mysql
```

```
[root@localhost mysql-5.7.24]# cp support-files/mysql.server /etc/init.d/mysql
```

图4-14　复制启动脚本命令

9. 启动 MySQL，执行以下命令，如图 4-15 所示。

```
#service mysql start
```

```
[root@localhost mysql-5.7.24]# service mysql start
Starting MySQL SUCCESS!
```

图4-15　启动mysql命令

进入 MySQL 并更改密码，分别执行以下命令。

```
cd /usr/local/mysql-5.7.28
./bin/mysql -u root -p              ----------    登录mysql，输入临时密码
mysql> set password=password('123456');          ----------  更改密码
mysql> grant all privileges on *.* to root@'%' identified by '123456';
                                          -------赋予用户操作权限
```

```
# mysql> flush privileges                              -------------- 更新权限
```

10. 添加远程访问权限，分别执行以下命令。

```
mysql> use mysql;
mysql> update user set host='%' where user = 'root';
mysql> flush privileges;
```

如果更改时报错：ERROR 1062 (23000): Duplicate entry '%-root' for key 'PRIMARY'，就先查询一下是否已更改过，最后执行刷新，重启 mysql "service mysql restart"。

11. 由于 CentOS 默认防火墙是开启的，因此，需要关闭防火墙，执行以下命令。

```
#sudo systemctl stop firewalld
```

如果希望重启后防火墙仍处于关闭状态，则使用以下命令。

```
#sudo systemctl disable firewalld
```

关闭防火墙后查看是否关闭成功，如果看到 inactive(dead)，就意味着防火墙已关闭，查看命令如下。

```
#sudo systemctl status firewalld
```

防火墙关闭后即可使用可视化管理工具，如图 4-16、图 4-17 所示。

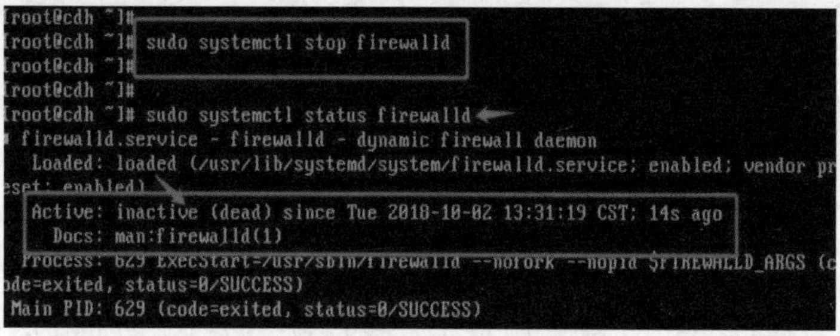

图4-16　关闭防火墙命令

图4-17　图形化工具连接成功

>> 4.4 MySQL 图形化管理工具介绍

MySQL 本身没有提供非常方便的图形管理工具，日常的开发和维护均在类似 DOS 的窗口中进行，所以对于编程初学者来说，上手略微有点困难，也增加了学习成本。这里给大家推荐几款常用的 MySQL 图形管理工具。

（1）phpMyAdmin，是最常用的 MySQL 维护工具，是一个通过 PHP 开发、基于 Web 架构在网站主机上的 MySQL 管理工具，支持中文，用其管理数据库非常方便。不足之处是它对于大数据库的备份和恢复不方便。phpMyAdmin 主界面如图 4-18 所示。

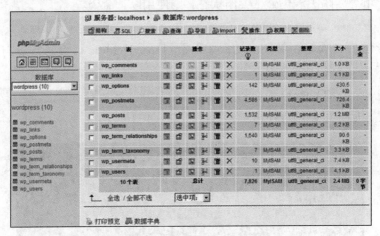

图4-18　phpMyAdmin主界面

（2）MySQL Data Dumper，是使用 PHP 开发的 MySQL 数据库备份恢复程序，解决了使用 PHP 进行大数据库备份和恢复的问题，可以方便地备份和恢复数百兆的数据库，不用担心网速太慢导致中断，非常方便易用。这个软件由德国人开发，目前还没有中文语言包，如图 4-19 所示。

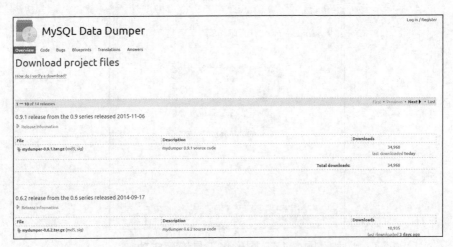

图4-19　MySQL Data Dumper界面

（3）Navicat，是一个桌面版 MySQL 数据库管理和开发工具，和微软 SQL Server 的管理器相似，易学易用。Navicat 使用图形化的用户界面，可以方便用户更轻松地使用和管理，支持中文，提供免费版本，Navicat 主界面如图 4-20 所示。

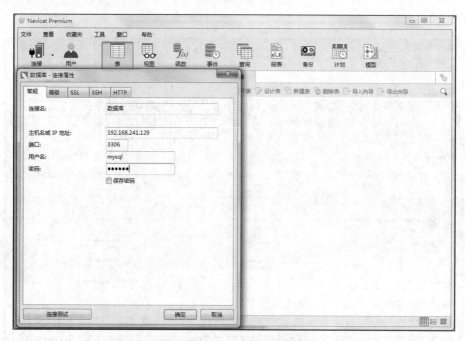

图4-20　Navicat主界面

（4）MySQL GUI Tools，是 MySQL 官方提供的图形化管理工具，功能十分强大，但是没有中文界面，MySQL GUI Tools 界面如图 4-21 所示。

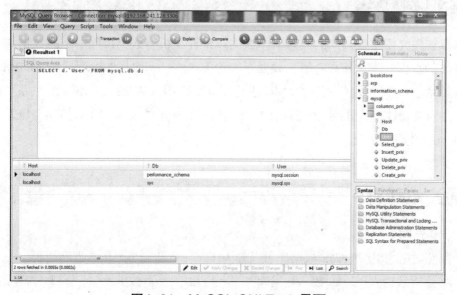

图4-21　MySQL GUI Tools界面

（5）MySQL Workbench，是一个统一的可视化开发和管理平台，该平台提供了许多高级工具，可支持数据库建模和设计、查询开发和测试、服务器配置和监视、用户和安全管理、备份和恢复自动化、审计数据检查以及向导驱动的数据库迁移，MySQL Workbench界面如图4-22所示。

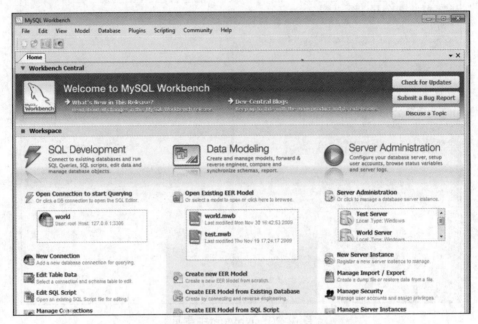

图4-22　MySQL Workbench 界面

▶▶ 4.5　本章小结

　　本章首先介绍了数据库的概念，即数据库是计算机将数据按照一定的数据结构来组织和存储的数据仓库。其次介绍了数据库的管理软件——数据库管理系统（DBMS）。再次，从关系型和非关系型角度对数据库进行了分类介绍，从而引出 MySQL 关系型开源数据库，并对其特性进行介绍。最后，详细介绍了 MySQL 的安装和配置方法，以及常用的MySQL 图形化管理工具。

▶▶ 4.6　本章习题

一、单选题

1. 按照数据的组织形式，数据库可以分为（　　）和非关系型数据库两种。

　　A. 逻辑数据库　　　B. 数字数据库　　　　C. 关系型数据库　　　　D. 物理数据库

2. MySQL 默认端口一般是（　　）。

A. 3306　　　　　　　　B. 3500　　　　　　　　C. 502　　　　　　　D. 404

3. 数据库是按照某种数据结构对数据进行组织、(　　　)、管理的容器。

A. 释放　　　　　　　　B. 存储　　　　　　　　C. 解压　　　　　　D. 排查

二、多选题

1. 下列关于 MySQL 特点描述正确的是(　　　)。

A. 体积小　　　　　　　B. 速度快　　　　　　　C. 性能高　　　D. 可移植性

2. MySQL 常用的图形化管理工具有(　　　)。

A. phpMyAdmin　　　　B. MySQLDumper　　　　C. Navicat　　　D. Photoshop

三、判断题

1. 安装 MySQL 之后需要配置环境变量。(　　　)

2. MySQL 是一种关系型数据库管理系统，拥有体积小、速度快、性能高、使用简单等优点。(　　　)

第 5 章

MySQL 数据库管理

 内容导学

在学习 MySQL 的过程中，我们需要掌握 MySQL 数据库管理的方法，从而方便更好地开展测试工作。

本章分别阐述 MySQL 数据库管理方法、MySQL 数据库表管理方法、MySQL 用户管理、导入和导出数据库以及使用 Navicat 可视化工具管理 MySQL，由浅入深地使学生掌握 MySQL 数据库管理的方法。

 学习目标

① 掌握 MySQL 数据库管理方法，包括数据库的创建、查看和删除。
② 掌握 MySQL 数据库表管理方法，包括数据库表的创建、查看、修改和删除。
③ 掌握 MySQL 用户账号管理方法，包括用户账号的创建和删除、用户密码的设置和更改。
④ 掌握 MySQL 数据库脚本导入和导出的方法。

▶▶ 5.1 MySQL 数据库管理

MySQL 的每个数据库相当于一个容器，其中存放着许多表，表中的每一行包含一条具体的数据关系信息，即数据记录。数据库的数据文件存放在 MySQL 的 data 目录下，每个数据库对应一个目录，在数据库目录中存储各个数据库表文件。

5.1.1 ▶▶ 创建数据库

在进入"mysql>"的数据库操作环境后，我们需要先创建一个数据库。使用语句 CREATE DATABASE 创建一个新的数据库，并需要指定数据库名称作为参数。语法格式如下。

```
CREATE DATABASE[db name];
```

例如，创建一个名为 bookstore 的数据库，运行结果如图 5-1 所示。

```
mysql> create database bookstore;
Query OK, 1 row affected (0.12 sec)
```

图5-1　创建bookstore数据库

数据库创建好后，在 MySQL 的 data 目录下会自动生成一个名为 bookstore 的目录，该数据库的数据会存储于此目录下。

MySQL 是一个数据库管理系统，支持运行多个数据库。因此，我们可以创建多个数据库。

5.1.2 ▶▶▶ 查看数据库

数据库创建好后，可以使用 SHOW 语句查看当前 MySQL 中有哪些数据库，语法格式如下。

```
SHOW DATABASES;
```

运行结果如图 5-2 所示。

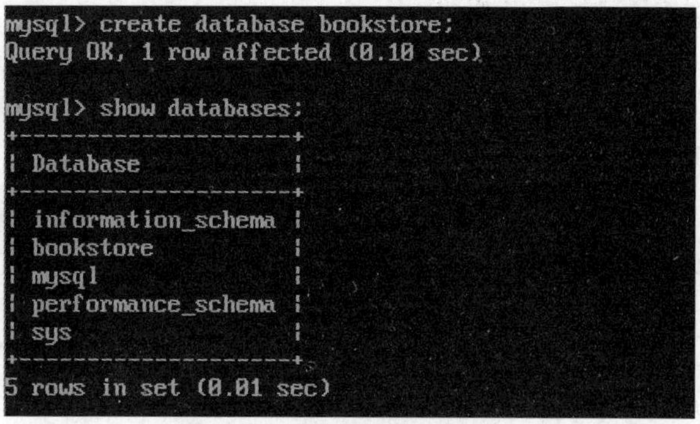

```
mysql> create database bookstore;
Query OK, 1 row affected (0.10 sec)

mysql> show databases;
+--------------------+
| Database           |
+--------------------+
| information_schema |
| bookstore          |
| mysql              |
| performance_schema |
| sys                |
+--------------------+
5 rows in set (0.01 sec)
```

图5-2　查看所有数据库

5.1.3 ▶▶▶ 删除数据库

我们可以使用 DROP 语句删除数据库，基本语法格式如下。

```
DROP  DATABASE [db_nama];
```

例如，删除前面创建的 bookstore 数据库，运行结果如图 5-3 所示。

```
mysql> drop database bookstore;        //删除一个名为bookstore的数据库
Query OK, 0 rows affected (0.17 sec)
```

图5-3　删除数据库

▶▶ 5.2　MySQL 数据库表管理

5.2.1 ▶▶▶ 创建数据库表

在创建数据库之后，接下来就要在数据库中创建数据库表。所谓创建数据库表，指的是在已经创建的数据库中建立新表。

创建数据库表的过程是规定数据列的属性的过程，同时也是实施数据完整性（包括实体完整性、引用完整性和域完整性）约束的过程。接下来我们介绍一下创建数据库表的语法形式。

在 MySQL 中，可以使用 CREATE TABLE 语句创建数据库表。语法格式如下。

```
CREATE TABLE <表名> ([表定义选项])[表选项][分区选项];
```

例如，创建一个员工表，结构如表 5-1 所示。

表5-1 员工表结构

字段名称	数据类型	备注
id	INT(11)	员工编号
name	VARCHAR(25)	员工名称
salary	FLOAT	工资

选择数据库 bookstore，创建一个名为 tb_emp1 的数据库表，语法格式如下。

```
mysql> USE bookstore;
mysql> CREATE TABLE tb_emp1
    -> (
    -> id INT(11),
    -> name VARCHAR(25),
    -> salary FLOAT
    -> );
```

运行结果如图 5-4 所示。

```
mysql> use bookstore;
Database changed
mysql> create table tb_emp1
    -> (id INT(11),
    -> name VARCHAR(25),
    -> salary FLOAT);
Query OK, 0 rows affected (2.48 sec)
```

图5-4 运行结果

5.2.2 ▸▸ 查看数据库表

查看数据库表分为查看某个表的详细结构和查看某个表的基本结构，分别使用 SHOW 语句和 DESCRIBE 语句。

1. 使用 SHOW 语句可以查看数据库中有哪些表，语法格式如下。

```
SHOW TABLES;
```

此命令可以查看所有表名，查看结果如图 5-5 所示。

2. 使用 DESCRIBE 语句可以查看每一个表的具体结构，并查看组成表的各字段信息。该语句需要使用"库名．表名"作为参数，语

图5-5 查看所有表名的结果

法格式如下。

```
DESCRIBE 库名.表名
```

例如，查看 bookstore 数据库中名为 tb_emp1 的表，查看结果如图 5-6 所示。

```
mysql> describe bookstore.tb_emp1;
+--------+-------------+------+-----+---------+-------+
| Field  | Type        | Null | Key | Default | Extra |
+--------+-------------+------+-----+---------+-------+
| id     | int(11)     | YES  |     | NULL    |       |
| name   | varchar(25) | YES  |     | NULL    |       |
| salary | float       | YES  |     | NULL    |       |
+--------+-------------+------+-----+---------+-------+
3 rows in set (0.00 sec)
```

图5-6　查看bookstore数据库中tb_emp1表的结果

5.2.3 ▶▶ 修改数据库表

修改数据库表包括修改表名、字段名、字段类型等表结构，可使用 ALTER 语句来操作。

1. 修改表名

修改表名的语法格式如下。

```
ALTER TABLE <旧表名>RENAME<新表名>;
```

例如，想要将数据表 tb_emp1 修改名为 tb_emp2，则可以使用如下命名。

```
ALTER TABLE tb_emp1 RENAME tb_emp2;
```

运行结果如图 5-7 所示。

```
mysql> alter table tb_emp1 rename tb_emp2;
Query OK, 0 rows affected (0.31 sec)
```

图5-7　修改表名的运行结果

2. 修改字段名

修改字段名的语法格式如下。

```
ALTER TABLE <表名> CHANGE <旧字段名><新字段名><新数据类型>;
```

例如，tb_emp2 表中有 id、name、salary 字段，类型分别为 INT(11)、VARCHAR(25)、FLOAT。现在要将 id 更改为 tb_id，并修改类型为 VARCHAR(25)，则使用如下命令。

```
ALTER TABLE tb_emp2 CHANGE id tb_id VARCHAR(25);
```

运行结果如图 5-8 所示。

```
mysql> alter table tb_emp2 change id tb_id VARCHAR(25);
Query OK, 0 rows affected (0.36 sec)
Records: 0  Duplicates: 0  Warnings: 0
```

图5-8　修改字段名结果

可以看出，这里在修改字段名的同时也可以修改该字段的数据类型。如果不想修改该字段的数据类型，则只写原来的类型即可。

3. 修改字段类型

修改字段类型的语法如下。

```
ALTER TABLE 表名 MODIFY 属性名 数据类型;
```

例如，想要将 tb_em2 表中的 tb_id 字段类型改为 INT(11)，则运行以下命令。

```
ALTER TABLE tb_emp2 MODIFY tb_id INT(11);
```

运行结果如图 5-9 所示。

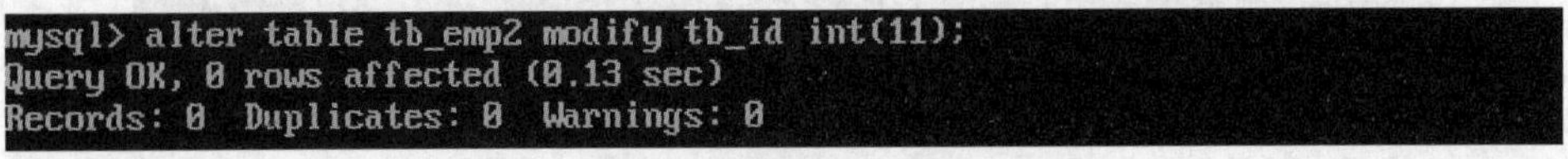

```
mysql> alter table tb_emp2 modify tb_id int(11);
Query OK, 0 rows affected (0.13 sec)
Records: 0  Duplicates: 0  Warnings: 0
```

图5-9　修改字段类型的运行结果

4. 增加字段

随着业务的变化，可能需要在已经存在的表中添加新的字段，一个完整的字段包括字段名、数据类型、完整性约束。增加字段的语法格式如下。

```
ALTER TABLE 表名 ADD 属性名 数据类型;
```

例如，想要在 tb_emp2 表中增加 sex（性别）字段，类型为 CHAR(1)，则可以使用以下命令。

```
ALTER TABLE tb_emp2 ADD sex CHAR(1);
```

运行结果如图 5-10 所示。

```
mysql> alter table tb_emp2 ADD sex CHAR(1);
Query OK, 0 rows affected (0.01 sec)
Records: 0  Duplicates: 0  Warnings: 0
```

图5-10　增加sex（性别）字段的运行结果

5. 删除字段

删除字段是将数据表中的某个字段从表中移除，语法格式如下。

```
ALTER TABLE 表名 DROP 字段名;
```

例如，想要在 tb_emp2 表中删除 sex（性别）字段，则可以使用以下命令。

```
ALTER TABLE tb_emp2 DROP sex;
```

运行结果如图 5-11 所示。

```
mysql> alter table tb_emp2 drop sex;
Query OK, 0 rows affected (0.01 sec)
Records: 0  Duplicates: 0  Warnings: 0
```

图5-11　删除sex（性别）字段的运行结果

5.2.4 ▸▸▸ 删除数据库表

使用 DROP TABLE 语句可以删除一个或多个数据库表，语法格式如下。

DROP TABLE 数据库名 . 表名 ; 或 USE　数据库名 ; DROP 表名 ;

例如，想要删除 bookstore 数据库中的 student 表，则可以使用 DROP TABLE bookstore. student; 或 USE bookstore;DROP TABLE student。

运行结果如图 5-12 所示。

```
mysql> drop table bookstore.student;
Query OK, 0 rows affected (0.00 sec)
```

图5-12　删除student表的运行结果

▶▶ 5.3　MySQL 用户管理

为了保证数据库的安全性，MySQL 提供了一套完善的数据库用户权限管理系统。该系统可以定义不同的用户角色，并且为这些角色赋予不同的数据访问权限，对连接到数据库的用户进行权限验证，判断这些用户是否属于合法用户，以及具有哪些数据权限。本节主要介绍 MySQL 创建和授权用户账户的方法。

在初始化 MySQL 后，系统会默认创建一个 root 用户，这个用户属于数据库超级管理员，具有一切权限，但 root 用户"权限太大"，以至于该用户可能错误操作或刻意破坏数据库系统，容易造成严重的安全性问题。因此，需要创建一些权限较小的用户，用于对普通数据库的管理运维，以及数据库的开发。MySQL 用户账户的创建、授权及其他管理，均需要使用 root 用户。

5.3.1 ▶▶▶ 创建与删除用户

1. 创建用户

使用 CREATE 语句可以创建用户，语法格式如下。

CREATE USER 'user_name'@'host' IDENTIFIED BY 'password';

其中，user_name 表示要创建用户的名字；host 表示新创建的用户允许从哪台机登录，如果只允许从本机登录，则填 'localhost'，如果允许从远程任意主机登录，则填 '%'；password 表示新创建用户登录数据库的密码，如果无密码，则可以不写。

例 1：

CREATE USER 'test'@'localhost' IDENTIFIED BY '123456';

以上命令表示在本地主机数据库创建一个名为 test 的用户，密码为 123456。运行结果如图 5-13 所示。

```
mysql> CREATE USER 'test'@'localhost' IDENTIFIED BY '123456';
Query OK, 0 rows affected (0.00 sec)
```

图5-13　例1的运行结果

例2：

```
CREATE USER 'test2'@'192.168.241.1' IDENTIFIED BY '123456';
```

以上命令表示在192.168.241.1的IP地址的数据库创建用户test2，密码为123456。运行结果如图5-14所示。

```
mysql> CREATE USER 'test2'@'192.168.241.1' IDENTIFIED BY '123456';
Query OK, 0 rows affected (0.00 sec)
```

图5-14　例2的运行结果

例3：

```
CREATE USER 'test3'@'%' IDENTIFIED BY '';
```

以上命令表示新创建的用户test3，没有密码，可以从其他计算机远程登录MySQL服务器。运行结果如图5-15所示。

```
mysql> create user 'test3'@'%' identified by '';
Query OK, 0 rows affected (0.00 sec)
```

图5-15　例3的运行结果

2. 删除用户

使用DROP语句可以删除用户，语法格式如下。

```
DROP USER 'test'@'localhost';
```

以上命令表示删除本地主机数据库用户test，运行结果如图5-16所示。

```
mysql> DROP USER 'test'@'localhost';
Query OK, 0 rows affected (0.00 sec)
```

图5-16　删除本地主机数据库用户test的运行结果

5.3.2 ▶▶ 设置与更改用户密码

若在创建用户时需要设置密码，或者由于某些原因需要更改密码，则可以使用MySQL所提供的密码设置功能或更改密码功能，语法格式如下。

```
SET PASSWORD FOR 'username'@'host' = PASSWORD('newpassword');
```

其中，username表示要设置或更改密码的用户名；host指定该用户登录的主机；newpassword表示要设置或更改的密码。

例如：

```
SET PASSWORD FOR 'test'@'localhost' = PASSWORD('654321');
```

以上命令表示要把本地主机数据库用户test的密码修改为654321。运行结果如图5-17所示。

```
mysql> SET PASSWORD FOR 'test'@'localhost' = PASSWORD('654321');
Query OK, 0 rows affected, 1 warning (0.00 sec)
```

图5-17　更改本地主机数据库用户密码的运行结果

>> 5.4　导入和导出数据库

5.4.1 ▶▶▶ 导出数据库

MySQL 逻辑备份主要使用 mysqldump 命令，该命令存储于 MySQL 目录的 bin 目录下。如果要备份某一个数据库，命令格式如下。

```
./bin/mysqldump -u [用户名] -p [密码] [数据库名] > [名称].sql;
```

例如，在上述 MySQL 数据库中有一个库名为 bookstore，用户名为 root，密码为 123456 的数据库，现在将其备份到 /usr/local/mysql-5.7.24 目录下，则需要执行以下命令，如图 5-18 所示。

```
./bin/mysql -u root -p bookstore > bookstore.sql;
```

```
[root@localhost mysql-5.7.24]# ./bin/mysqldump -u root -p bookstore > bookstore.sql
Enter password:
[root@localhost mysql-5.7.24]# ls.
bin          COPYING  docs      erp.sql   lib      README    shopping.sql
bookstore.sql  data    erp1.sql  include   man      share     support-files
```

图5-18　备份bookstore数据库的运行结果

此时我们可以看到生成的 sql 脚本，已经默认保存到当前目录下了。

5.4.2 ▶▶▶ 导入数据库

我们采用 source 这个 SQL 命令导入数据库，与导出数据库不同的是，导入数据库需要登录 MySQL 界面。例如，将 bookstore.sql 脚本导入到一个名为 test 的数据库，导入步骤如下。

（1）首先新建一个空数据库，执行如下命令。

```
#create database test;
```

（2）选择数据库，执行如下命令。

```
#use test;
```

（3）导入数据库（注意 sql 文件路径），执行如下命令。

```
#source /usr/local/mysql-5.7.24/bookstore.sql;
```

执行结果如图 5-19 所示。

```
mysql> create database test;
Query OK, 1 row affected (0.00 sec)

mysql> use test;
Database changed
mysql> source /usr/local/mysql-5.7.24/bookstore.sql
```

图5-19　将bookstore.sql脚本导入到test数据库的运行结果

▶▶ 5.5　使用 Navicat 可视化工具管理 MySQL

Navicat 是通过直觉化的图形用户界面创建的，使用者可以以安全、简单的方式创建、组织、访问及共用信息。可以使用 Navicat 对本机或远程的 MySQL、SQL、SQLite、Oracle 及 PostgreSQL 数据库进行管理和开发。

5.5.1 ▶▶ Navicat 管理端登录 MySQL

（1）首先要建立与 MySQL 的关联。打开 Navicat，单击文件菜单下的"连接"按钮并在弹出的菜单中选择 MySQL，如图 5-20 所示。

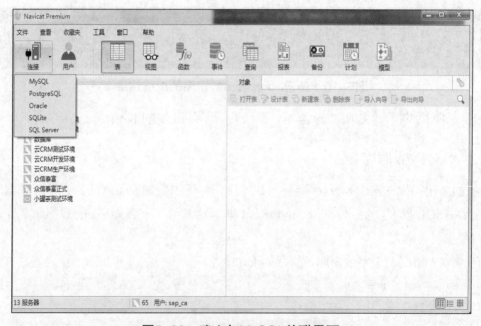

图5-20　建立与MySQL关联界面

（2）在弹出的新建连接窗口输入相关信息。连接名：Navicat 显示的名称。主机：MySQL 服务器 IP 地址。端口：默认 3306。用户名：数据库登录名。密码：数据库登录密码。配置完相关信息后，单击"测试连接"测试参数配置是否正确，然后单击"确定"，如图 5-21 所示。

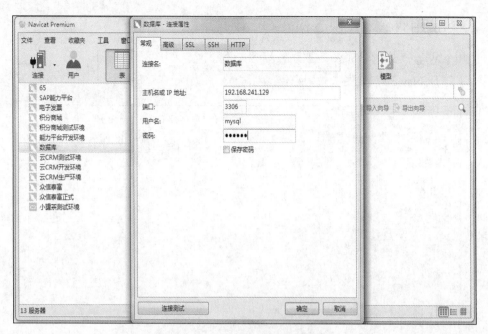

图5-21　新建连接窗口界面

（3）这时，Navicat 会在主界面的左侧出现刚才配置的连接名，双击连接名就可以打开与 MySQL 的连接，这就是我们配置的 MySQL 连接对象，在以后使用时都可以直接双击此处。当然，也可以用鼠标右键单击连接名，选择"打开连接"，如图 5-22 所示。

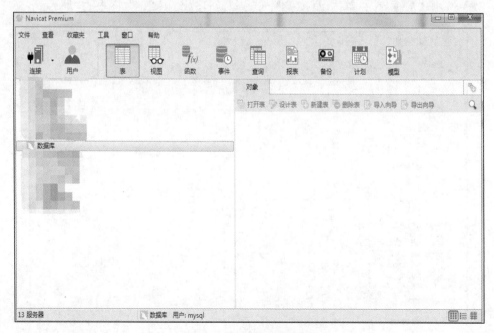

图5-22　打开连接界面

5.5.2 ▶▶ 使用 Navicat 创建 MySQL 数据库

使用 Navicat 创建 MySQL 数据库，步骤如下。

（1）打开 Navicat，如图 5-23 所示。

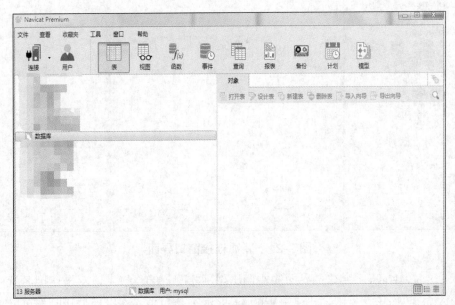

图5-23　数据库界面

（2）选中"数据库"，单击鼠标右键，选择"新建数据库"，如图 5-24 所示。

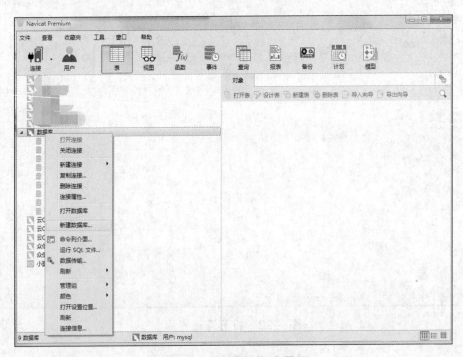

图5-24　新建数据库界面

（3）填写数据库名称，输入 test2，如图 5-25 所示。注意名称不要以数字开头，不要有中文、空格、特殊字符等。

图5-25　填写数据库名称界面

（4）选择"字符集"，常用的字符集为 utf8，如图 5-26 所示。

图5-26　选择字符集界面

（5）选择"排序规则"，选择第一个 utf8_general_ci，如图 5-27 所示。

图5-27 选择排序规则

（6）单击"确定"，即成功创建了数据库，我们可以看到新建的数据库以及其中的元素，如图 5-28 所示。

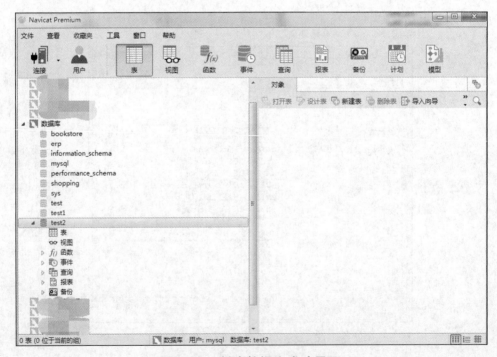

图5-28 创建数据库成功界面

注意：在这里（如图 5-28 所示）可以直接查看该数据库下所有的数据库。

5.5.3 ▶▶ 使用 Navicat 删除数据库

选中要删除的数据库，单击鼠标右键，选择"删除数据库"，单击"确认"，即可成功删除，如图 5-29 所示。

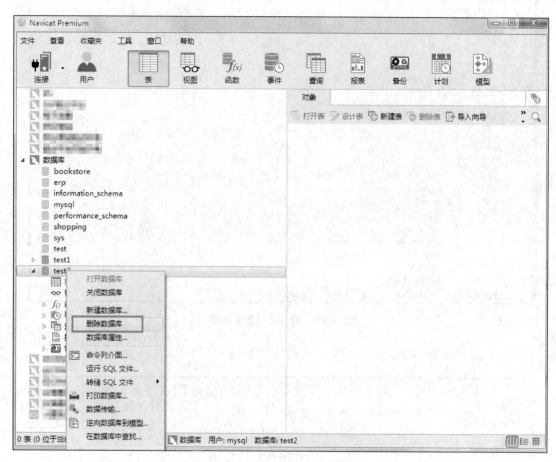

图5-29　删除数据库界面

5.5.4 ▶▶ 使用 Navicat 导入 / 导出数据库

1. 使用 Navicat 导出 MySQL 数据库

（1）选择数据库 test2，单击鼠标右键，选择"转储 SQL 文件"，选择"结构和数据"，再选择导出的路径，如图 5-30 所示。

图5-30　导出数据库界面

（2）命名导出的 SQL 文件，单击"保存"，如图 5-31 所示。

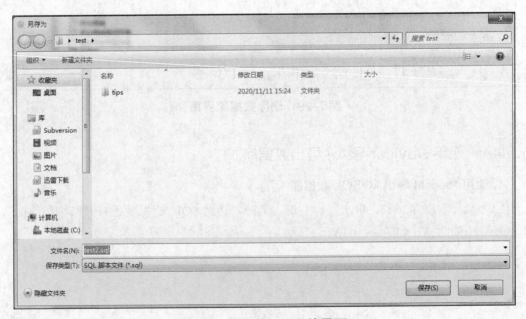

图5-31　保存SQL文件界面

（3）保存成功，单击"关闭"，完成导出，如图 5-32 所示。

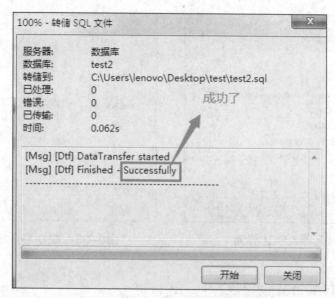

图5-32　SQL文件保存成功界面

2. 使用 Navicat 导入 MySQL 数据库

（1）将之前创建的数据库 test2 删除，重新创建一个名为 test3 的数据库，然后单击鼠标右键，选择"运行 SQL 文件"，如图 5-33 所示。

图5-33　选择导入SQL界面

（2）导入 SQL 界面，单击文件后面的"…"按钮，选择之前导出的 test2.sql 文件，单击"开始"，如图 5-34 所示。

（3）单击"开始"，即可导入 SQL，如图 5-35 所示。

图5-34　导入SQL界面

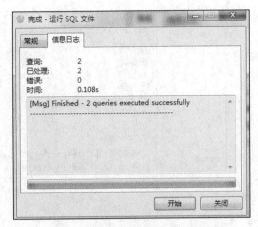

图5-35　成功导入SQL界面

5.5.5 ▸▸▸ 使用 Navicat 创建表

（1）选中所要创建表的数据库，单击鼠标右键选择"新建表"，如图 5-36 所示。

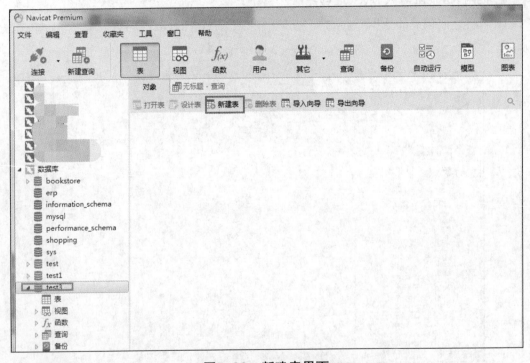

图5-36　新建表界面

（2）进入添加字段页面，输入要添加的字段、类型、长度等，如果要增加字段，单击"添加字段"，如图 5-37 所示。

图5-37　添加字段页面

（3）字段添加完后，单击"保存"，窗口弹出后，输入表名，单击"确定"，如图 5-38 所示。

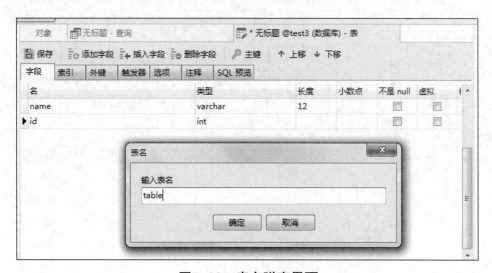

图5-38　表名弹窗界面

（4）成功新建表之后，我们就可以在数据库列表的
左侧看到新建的表了，如图 5-39 所示。

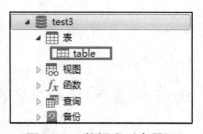

5.5.6 ▶▶ 使用 Navicat 修改数据库表

1. 使用 Navicat 修改表名
进入数据库 test3，选中表 table，单击鼠标右键选择

图5-39　数据库列表界面

"重命名"，输入要修改的名字，单击"确定"即可，如图 5-40 所示。

图5-40　数据表重命名

2. 使用 Navicat 修改字段

在界面左侧选择数据库表，单击鼠标右键选择"设计表"，进入设计表界面，进行修改字段名、字段类型、字符长度，删除字段等操作，如图 5-41 所示。

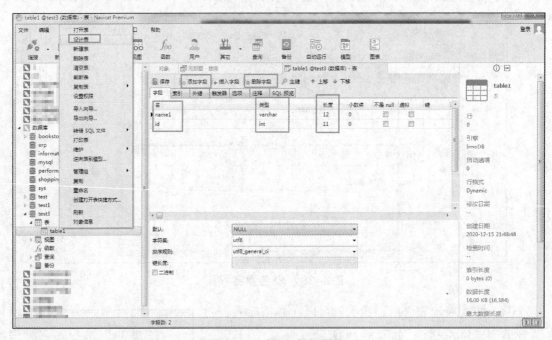

图5-41　修改字段界面

5.5.7 ▸▸ 使用 Navicat 删除数据库表

在界面左侧选择要删除的数据库表，单击鼠标右键选择"删除表"，弹出确认框，单击"确认"，删除成功，如图 5-42 所示。

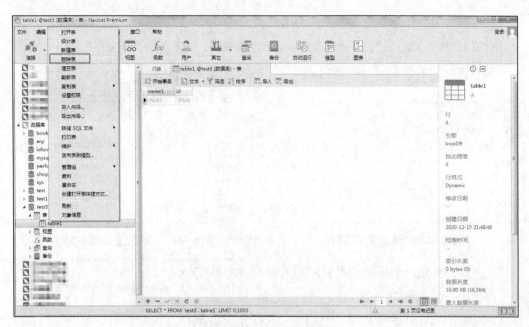

图5-42　删除表界面

5.5.8 ▶▶ 使用 Navicat 进行 MySQL 用户管理

使用 Navicat 进行 MySQL 用户管理主要是指使用 Navicat 创建和删除用户。

（1）使用 Navicat 创建用户及设置权限

① 单击工具栏中的"用户"，可以查看到目前数据库的用户，然后单击"新建用户"，如图 5-43 所示。

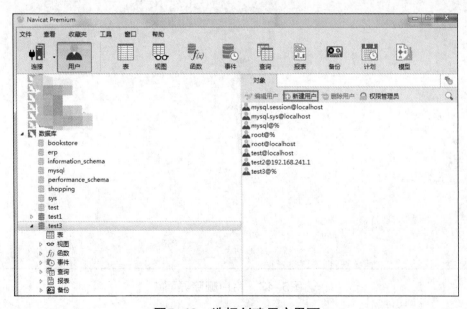

图5-43　选择创建用户界面

② 在创建用户界面，输入要创建的用户名、密码，并确认密码，如图 5-44 所示。

③ 单击"服务器权限"，这里只设置 select 查询权限，单击"保存"，操作如图 5-45 所示。

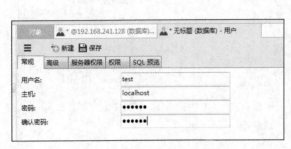

图5-44　创建用户界面

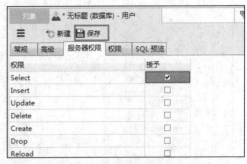

图5-45　创建服务器权限界面

④ 然后回到用户列表就会看到刚刚新增的用户，如图 5-46 所示。

（2）使用 Navicat 删除用户

选择工具栏中的"用户"，选择"用户 root"，单击鼠标右键选择"删除用户"，单击"删除"，即可删除该用户，如图 5-47 所示。

图5-46　用户列表界面

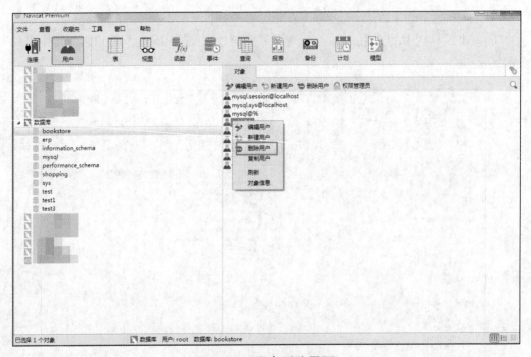

图5-47　用户删除界面

>> 5.6　本章小结

本章主要介绍了 MySQL 的常规管理，包括数据库的创建、查看和删除；数据库表的创建、查看、修改和删除；用户的创建与删除；用户密码的设置与更改；数据库的导出和导入等。

>> 5.7　本章习题

一、单选题

1. 下列哪条语句可以用来创建 MySQL 数据库？（　　　）

　A. CREATE DATABASE 　　　　B. CREATE TABLE

　C. DROP DATABASE 　　　　　　D. SHOW DATABASES

2. 在 MySQL 中，通常使用（　　　）语句来进行数据的检索。

　A. INSERT 　　　B. SELECT 　　　C. DELETE 　　　　　D. UPDATE

3. 下列哪条语句可以用来删除 MySQL 数据库？（　　　）

　A. DELETE 　　　B. SELECT 　　　C. DROP 　　　　　　D. SHOW

4. 下列哪条语句可以用来修改数据库表？（　　　）

　A. ALTER 　　　B. DELETE 　　　C. CREATE 　　　　　D. UPDATE

5. 下列哪一项可以查询表结构？（　　　）

　A. FIND 　　　B. SELECT 　　　C. ALTER 　　　　　　D. DESC

6. 删除用户账号的命令是（　　　）。

　A. DROP USER 　　　　　　B. DROP TABLE USER

　C. DELETE USER 　　　　　D. DELETE FROM USER

7. 下列哪条语句可以用来查看 MySQL 数据库？（　　　）

　A. DROP DATABASE 　　　　B. SHOW DATABASES

　C. CREAT TABLE 　　　　　　D. DELETE TABLE

二、多选题

1. 下列描述中可以使用 ALTER 语句的有（　　　）。

　A. 修改表名 　　　　　　　B. 修改字段名

　C. 修改字段类型 　　　　　D. 修改用户名

2. 使用 SQLyog 连接 MySQL 数据库时，需要配置的内容有（　　　）。

　A. 主机地址 　　　B. 用户名 　　　C. 密码 　　　　　　D. 端口

3. 使用 Navicat 可视化管理工具可以进行下列哪些操作？（　　　）

　A. 删除数据库 　　　　　　B. 修改数据库表

　C. 导入数据库 　　　　　　D. 创建数据库表

4. 连接 MySQL 本地服务器的命令，下列选项正确的是（　　　）。

　A. mysql –h 127.0.0.1–p 3306 –u root –p root

　B. mysql –h localhost –p 3306 –u root –p root

　C. mysql –u root –p root

　D . 以上选项都不正确

三、判断题

1. MySQL 是 B/S 关系数据库管理系统。（　　　）

2. MySQL 支持中文全文检索。（　　　）

3. MySQL 删除数据库通常使用 DROP 语句。（　　　）

4. MySQL 删除数据库表通常使用 DELETE 语句。（　　　）

5. MySQL 导出数据库通常使用 mysqldump 语句。（　　　）

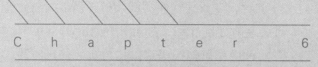

Chapter 6

第 6 章

SQL 基本语法

在学习 MySQL 数据库的过程中，结构查询语言（SQL，Structure Query Language）基本语法对测试人员而言是必学内容，专业的软件测试人员必须掌握 SQL 基本语法。

本章在讲述 SQL 基本语法之前分别介绍了 SQL 语句和 MySQL 基本数据类型，然后介绍了数据的"增删改查"四种操作语句的语法结构与实际使用方法、数据查询语句，以及使用 Navicat 可视化工具进行 SQL 基本语法的操作。

① 了解 SQL 语句和 MySQL 基本数据类型。

② 熟练掌握 SQL 语句常见的数据插入、删除、修改和查询操作。

③ 熟练掌握 SQL 语句常规查询、条件查询、联合查询、模糊查询、排序查询语句。

▶▶6.1 SQL 语句简介

数据库的建立解决了数据的组织与存储问题，但用户与数据库之间的交互需要一种通用的方式，因此，SQL 应运而生。

结构化查询语言是关系型数据库的通用语言，在 20 世纪 70 年代由 IBM 公司开发，最初作为 IBM 的关系型数据库系统的关系语言，实现了关系型数据库的信息检索。之后美国国家标准局制定了 SQL 标准，经过多年的发展，SQL 已经成为标准关系型数据库语言。目前，几乎所有的关系型数据库系统都支持 SQL，它已经发展为跨平台进行交互操作的底层会话语言。

SQL 主要划分为以下 3 种类型。

（1）数据定义语言（DDL，Data Definition Language）：定义了不同数据库、表、列、索引等数据库对象。常用的语句关键字包括 CREATE、DROP、ALTER 等。

（2）数据操纵语言（DML，Data Manipulation Language）：用于添加、删除、更新和查询数据库记录，并检查数据的完整性。常用的语句关键字包括 INSERT、DELETE、UPDATE、SELECT 等。

（3）数据控制语言（DCL，Data Control Language）：定义了数据库、表、字段、用户的访问权限和安全级别。常用的语句关键字包括 GRANT、REVOKE 等。

6.2 MySQL 基本数据类型

MySQL 提供了多种数据类型，包括数值类型、字符串类型、日期和时间类型，以供用户在不同的场景下使用。

6.2.1 数值类型

MySQL 的数值类型包括整数类型、浮点数类型和定点数类型。

整数类型包括 TINYINT、SMALLINT、MEDIUMINT、INT、BIGINT，浮点数类型包括 FLOAT 和 DOUBLE，定点数类型包括 DECIMAL，具体如表 6-1 所示。

表6-1　整数类型

数据类型	存储需求 /Byte	表示范围
TINYINT	1	−128 ~ 127
SMALLINT	2	−32768 ~ 32767
MEDIUMINT	3	−8388608 ~ 8388607
INT	4	−2147483648 ~ 2147483647
BINGINT	8	−9223372036854775808 ~ 9223372036854775807

浮点数类型是用来表示实数的一种方法，根据位数和精度，浮点数类型又分为单精（FLOAT）浮点数和双精浮点数（DOUBLE），具体如表 6-2 所示。

表6-2　浮点数类型

数据类型	存储需求 /Byte	精度
FLOAT(M, D)	4	8 位精度，M 表示数字的总位数，D 表示小数点后面数字的位数
DOUBLE(M, D)	8	16 位精度，M 表示数字的总位数，D 表示小数点后面数字的位数

假设一个字段定义为 FLOAT(6, 3)，如果要插入的数为 123.45678，则实际数据库中存的是 123.457，总位数以实际为准，即 6 位。

定点数类型用来保存确切精度的值。在 DECIMAL(M, D) 中，M 表示十进制数字总位数，D 表示小数点后面的位数。

6.2.2 字符串类型

MySQL 提供了多种字符串类型，包括 CHAR、VARCHAR、BINARY、VARBINARY、BLOB、TEXT、ENUM、SET，以供用户使用。

1. CHAR 与 VARCHAR

CHAR 和 VARCHAR 用于声明常规字符串，CHAR 定义固定长度字符串，VARCHAR 定义可变长度字符串。

CHAR 的长度固定为创建表时声明的长度，其取值范围为 0 ～ 255。当保存 CHAR 值时，可以在它们的右边填充空格以达到指定的长度。当检索到 CHAR 值时，其尾部的空格会被删除，所以在存储数据时，字符串右边一般不能有空格。如果字符串右边有空格，则在被查询出来后会被删除。另外，在存储或检索过程中，不进行大小写转换。VARCHAR 的长度可以指定为 0 ～ 65535，与 CHAR 不同的是，VARCHAR 值在保存时只保存需要的字符数，并另加一个字节来记录长度，所以 VARCHAR 值在保存时不进行填充。

2. BINARY 与 VARBINARY

BINARY 和 VARBINARY 用来存储二进制字符串，存储和使用方式与 CHAR 和 VARCHAR 类似。不同的是，它们没有字符集，并且会排序和比较基于列值字节的数值。另外，当保存 BINARY 值时，会在它右边填充 0x00(零字节) 值而非空格，以达到指定长度。

3. TEXT 与 BLOB

TEXT 和 BLOB 是以对象类型保存的文本与二进制，功能与 CHAR 和 BINARY 类似，一个用来存储字符串，另一个用来存储二进制字符串。在大多数情况下，可以将 TEXT 视为足够大的 VARCHAR，将 BLOB 视为足够大的 VARBINARY。但 TEXT 和 BLOB 与 VARCHAR 和 VARBINARY 仍有不同之处，不同之处有以下几点。

（1）当保存或检索 BLOB 和 TEXT 的值时，不删除尾部空格。

（2）在比较时，会用空格对 TEXT 进行扩充以适应比较的对象。

（3）对于 BLOB 和 TEXT 的索引，必须指定索引前缀的长度。CHAR 和 VARCHAR 的索引前缀长度是可选的。

（4）BLOB 和 TEXT 不能有默认值。

TEXT 和 BLOB 对象的最大字符串长度由其类型确定，TEXT 分为 TINYTEXT、TEXT、MEDIUMTEXT 和 LONGTEXT 4 种类型，同样，BLOB 分为 TINYBLOB、BLOB、MEDIUMBLOB 和 LONGBLOB。TEXT 和 BLOB 的最大字符串长度及表示范围如表 6-3 所示。

表6-3　TEXT和BLOB的最大字符串长度

TEXT 或 BLOB 类型	最大字符串长度 /Byte	表示范围 /Byte
TINYTEXT 或 TINYBLOB	255	$0 \sim 2^8 - 1$
TEXT 或 BLOB	65535	$0 \sim 2^{16} - 1$
MEDIUMTEXT 或 MEDIUMBLOB	16777215	$0 \sim 2^{24} - 1$
LONGTEXT 或 LONGBLOB	4294967295	$0 \sim 2^{32} - 1$

4. ENUM

ENUM 表示枚举类型，它的取值范围需要在创建表时通过枚举方式显式指定，对于 1 ～ 255 个成员的枚举需要 1 个字节存储；对于 255 ～ 65535 个成员的枚举需要 2 个字节存储，最多允许 65535 个成员的枚举。ENUM 是忽略大小写的。另外，ENUM 只允许从值集合中选取单个值，不能一次选取多个值。

5. SET

SET 是一个集合对象，可以包含 0 ~ 64 个成员，其所占存储空间的大小因集合成员数量的不同而有所不同，具体对应情况如表 6-4 所示。

表6-4　集合成员数量与所占存储空间对应情况

集合成员数量	所占存储空间 /Byte
1 ~ 8	1
9 ~ 16	2
17 ~ 24	3
25 ~ 32	4
33 ~ 64	8

SET 与 ENUM 功能类似，但二者在存储时有所区别，SET 可以一次选择多个成员，ENUM 一次只能选择一个成员。

6.2.3　日期和时间类型

MySQL 提供了多种日期和时间类型，包括 YEAR、TIME、DATE、DATETIME、TIMESTAMP，以供用户使用，具体对应情况如表 6-5 所示。

表6-5　日期和时间类型与所占存储空间对应情况

类型	日期格式	范围	所占存储空间 /Byte
YEAR	YYYY	1901 ~ 2155 与 0000	1
TIME	HH:MM:SS	−838:59:59.000000 ~ 838:59:59.000000	3
DATE	YYYY−MM−DD	'1000−01−01' ~ '9999−12−31'	3
DATETIME	YYYY−MM−DD HH:MM:SS	'1000−01−01 00:00:00.000000' ~ '9999−12−31 23:59:59.999999'	8
TIMESTAMP	YYYY−MM−DD HH:MM:SS	'1970−01−01 00:00:01.000000' UTC（协调世界时）~ '2038−01−19 03:14:07.999999' UTC	4

不管使用哪种类型的时间，系统都会关注时区问题。在使用时，需要根据具体的场景来确定。

▶▶ 6.3　数据插入

INSERT 语句即插入语句，语法格式如下。

```
INSERT INTO 表名 VALUES（值1，值2，…）;
```

此时，VALUES 后面的值的排列要与该表中存储的列名排列一致。也可以指定要插入数据的列，语法格式如下。

```
INSERT INTO 表名（列1，列2，…）VALUES（值1，值2，…）;
```

此时，VALUES 后面的值的排列要与 INTO 子句后面的列名排列一致。例如，在 tb_emp2 表中插入以下记录：tb_id 为 1，name 为 tom，salary 为 9000，命令如下，执行结果如图 6-1 所示。

```
INSERT INTO tb_emp2(tb_id,name,salary)values('1','tom','9000');
```

```
mysql> insert into tb_emp2(tb_id,name,salary)values('1','tom','9000');
Query OK, 1 row affected (0.00 sec)
```

图6-1　命令执行结果

也可以不指定字段名称，此时命令如下，执行结果如图 6-2 所示。

```
INSERT INTO tb_emp2 values('2','tony','8000');
```

```
mysql> insert into tb_emp2 values('2','tony','8000');
Query OK, 1 row affected (0.00 sec)
```

图6-2　命令执行结果（不指定字段名称）

可空字段、非空但是含有默认值的字段和自增字段可以不在 INSERT 语句后的字段列表中出现，VALUES 后面只写对应字段名称的值。这些没写的字段可以分别自动设置为 NULL、默认值、自增的下一个数字，这样在某些情况下可以大大减弱 SQL 语句的复杂度。例如，只对 tb_emp2 表中的 tb_id 和 name 字段插入值，命令如下，执行结果如图 6-3 所示。

```
INSERT INTO tb_emp2(tb_id,name) values('3','xiaomin');
```

```
mysql> insert into tb_emp2(tb_id,name)values('3','xiaomin');
Query OK, 1 row affected (0.00 sec)
```

图6-3　命令执行结果

此时查看刚刚插入的值，可以看到设置为可空的 salary 字段显示为默认值 NULL，如图 6-4 所示。

```
mysql> select * from tb_emp2;
+-------+---------+--------+
| tb_id | name    | salary |
+-------+---------+--------+
|     1 | tom     |   9000 |
|     2 | tony    |   8000 |
|     3 | xiaomin |   NULL |
+-------+---------+--------+
3 rows in set (0.00 sec)
```

图6-4　查询表字段

在 MySQL 中，INSERT 语句还有一个很好的特性，即可以一次性插入多条记录，语法格式如下。

```
INSERT INTO 表名 ( 列 1, 列 2...) VALUES ( 值 1, 值 2, ...), ( 值 1, 值 2,...),( 值 1,
值 2,...),( 值 1, 值 2, ...), ...;
```

需要注意的是，每条记录之间都要用逗号进行分隔。例如，使用 INSERT 语句可以一次增加两条记录，命令如下，执行结果如图 6-5 所示。

```
INSERT INTO tb_emp2(tb_id,name) VALUES('4','david'),('5', 'sherry');
```

```
mysql> insert into tb_emp2(tb_id,name) values('4','david'),('5','sherry');
Query OK, 2 rows affected (0.00 sec)
Records: 2  Duplicates: 0  Warnings: 0
```

图6-5　一次插入多条记录命令

使用 INSERT 语句逐条增加员工信息，命令如下，执行结果如图 6-6 所示。对比后可以发现一次性插入多条记录的方便性。

```
mysql> insert into tb_emp2(tb_id,name,salary) values('6','linda','10000');
Query OK, 1 row affected (0.00 sec)

mysql> insert into tb_emp2(tb_id,name,salary) values('7','lisa','12000');
Query OK, 1 row affected (0.00 sec)
```

图6-6　逐条插入记录命令

▶▶ 6.4　数据修改

表里的记录值可以通过 UPDATE 命令进行修改，语法格式如下。

```
UPDATE 表名 SET 列名 = 新值 WHERE 列名 = 某值 ;
```

例如，将 tb_emp2 表中 name 值为 "tom" 记录的 salary 值由 9000 修改为 8000，命令如下，执行结果如图 6-7 所示。

```
UPDATE tb_emp2 SET salary=8000 WHERE name='tom';
```

```
mysql> update tb_emp2 set salary=8000 where name='tom';
Query OK, 1 row affected (0.00 sec)
Rows matched: 1  Changed: 1  Warnings: 0
```

图6-7　修改值命令

▶▶ 6.5　数据删除

如果不再需要表中的记录，则可以用 DELETE 命令进行删除，语法格式如下。

```
DELETE FROM 表名 WHERE 列名 = 值 ;
```

例如，将 tb_emp2 表中 name 值为 sherry 的记录全部删除，命令如下，执行结果如图 6-8 所示。

```
DELETE FROM tb_emp2 WHERE name='sherry';
```

```
mysql> delete from tb_emp2 where name='sherry';
Query OK, 1 row affected (0.00 sec)
```

图6-8　删除记录命令

删除 salary 值为 10000 且 tb_id 值为 6 的记录，命令如下，执行结果如图 6-9 所示。

```
DELETE FROM tb_emp2 WHERE salary='10000' and tb_id='6';
```

```
mysql> delete from tb_emp2 where salary='10000' and tb_id='6';
Query OK, 1 row affected (0.00 sec)
```

图6-9　条件删除命令

▶▶ 6.6　数据查询

6.6.1 ▶▶ 常规查询

SQL 中的数据查询语句是 SELECT，SELECT 语句可以进行各种各样的查询，以满足用户的查询需求。最基本的 SELECT 语句的语法格式如下。

```
SELECT 字段 FROM 表名 WHERE 条件;
```

最简单的查询方式是将记录全部选出，可以使用"*"表示要查询的所有字段，如图 6-10 所示。

```
mysql> select * from tb_emp2;
+-------+---------+--------+
| tb_id | name    | salary |
+-------+---------+--------+
|     1 | tom     |   8000 |
|     2 | tony    |   8000 |
|     3 | xiaomin |   NULL |
|     4 | david   |   NULL |
|     7 | lisa    |  12000 |
+-------+---------+--------+
5 rows in set (0.00 sec)
```

图6-10　查询所有字段

我们也可以直接写各字段名，并用逗号将其分隔，表明它们是等价的。例如，以下两种查询方式的结果是相同的，如图 6-11 所示。

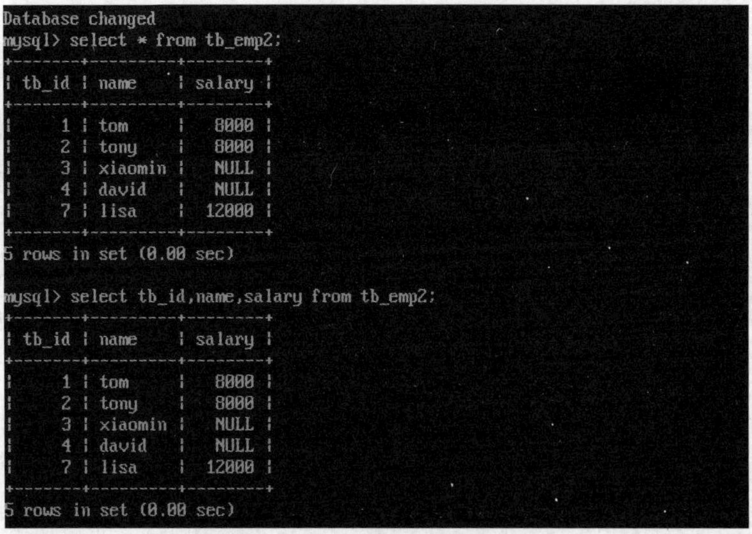

图6-11　相同的查询结果

使用"*"可以查询所有字段信息，优点在于查询语句相对简单，但如果遇到数据量大的表，则会耗时较长。如果只需要查询部分字段，则必须使用逗号隔开字段名。

除了基本的查询，在实际应用中还有多种查询方式，用来满足各式各样的查询需求。

6.6.2 ▶▶ 条件查询

在大多数情况下，用户并不需要查询表内的所有记录，而是需要根据特定条件来查询部分数据，此时，可以用 WHERE 关键字实现条件查询。条件查询的语法格式如下。

```
SELECT 字段 FROM 表名 WHERE 条件；
```

例 1：查询所有 name 值为 tom 的记录，命令如下，执行结果如图 6-12 所示。

```
SELECT * FROM tb_emp2 WHERE name='tom';
```

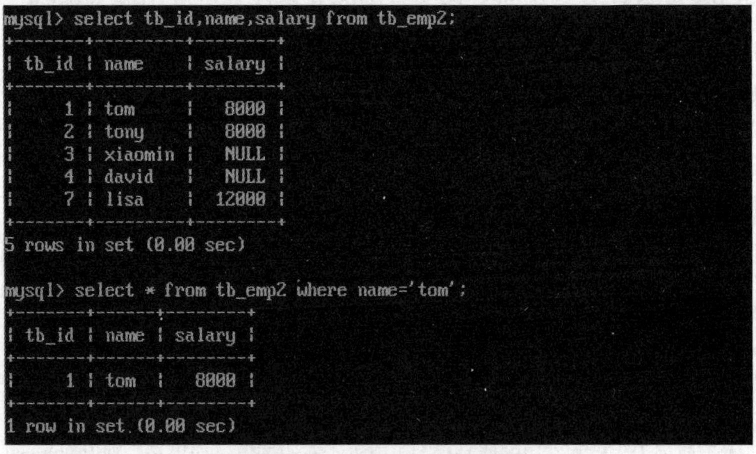

图6-12　查询tom的记录

例 2：查询 salary 值为 8000 的所有员工的记录，命令如下，执行结果如图 6-13 所示。

```
SELECT * FROM tb_emp2 WHERE salary=8000;
```

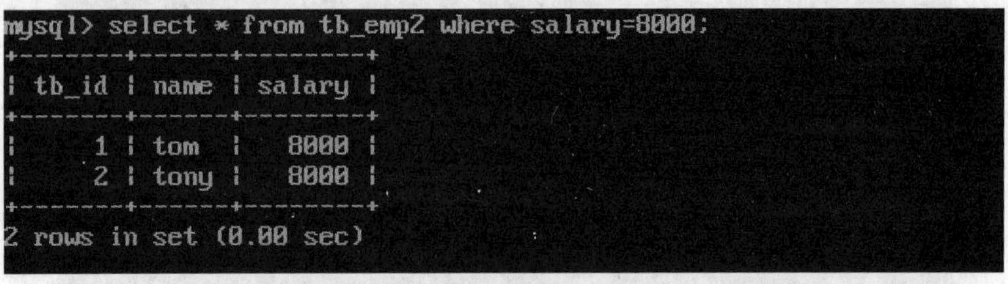

图6-13　查询salary值为8000的所有员工的记录

我们还可以进行多条件查询，例如，查询所有 tb_id 值为 1，并且 salary 值大于 6000 的记录，命令如下，执行结果如图 6-14 所示。

```
SELECT * FROM tb_emp2 WHERE tb_id=1 and salary>6000;
```

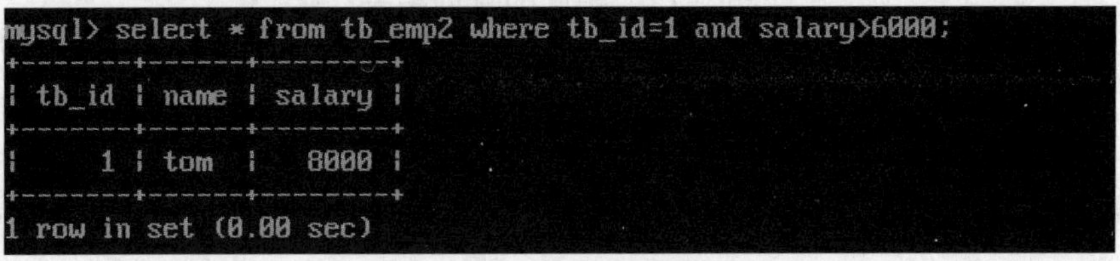

图6-14　多条件查询

数据库的操作无非是"增删改查"，除"增"外，其他操作都可能会使用 WHERE 子句来定义条件，WHERE 子句在使用时，有以下几个注意事项。

（1）WHERE 子句可以指定任何条件。

（2）WHERE 子句的条件可以是一个，也可以是多个，这些条件可以使用"AND"或"OR"连接，"AND"表示必须满足多个条件，"OR"表示满足任意条件即可。

（3）WHERE 子句条件类似于程序语言中的 if 条件，可以根据 MySQL 表中的字段值来读取指定的数据。在通常情况下，条件的判断会使用比较运算符，MySQL 中常用的比较运算符如表 6-6 所示。

表6-6　MySQL中常用的比较运算符

比较运算符	说明
=	等于，检测两个值是否相等，如果相等，则返回 true
!=	不等于，检测两个值是否不相等，如果相等，则返回 false
>	大于，检测左边的值是否大于右边的值，如果是，则返回 true
<	小于，检测左边的值是否小于右边的值，如果不是，则返回 false
>=	大于或等于，检测左边的值是否大于或等于右边的值，如果是，则返回 true，否则返回 false
<=	小于或等于，检测左边的值是否小于或等于右边的值，如果不是，则返回 false，否则返回 true

在 MySQL 数据表中对指定的数据进行操作时，WHERE 子句发挥着非常重要的作用。

例 1：在 tb_emp2 中查询工资（salary）为 1000 ~ 8000 的数据，命令如下，执行结果如图 6-15 所示。

```
SELECT * FROM tb_emp2 WHERE salary>=1000 and salary<=8000;
```

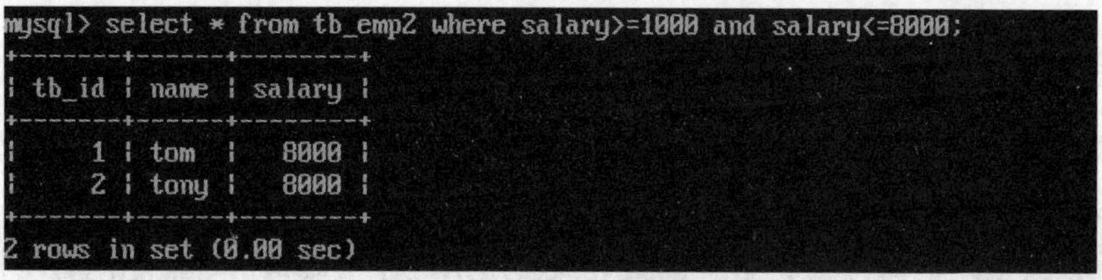

图6-15　例1执行结果

例 2：在 tb_emp2 表中查询 tb_id 值在 3 ~ 7 的员工，命令如下，运行结果如图 6-16 所示。

```
SELECT * FROM tb_emp2 WHERE tb_id BETWEEN 3 AND 7;
```

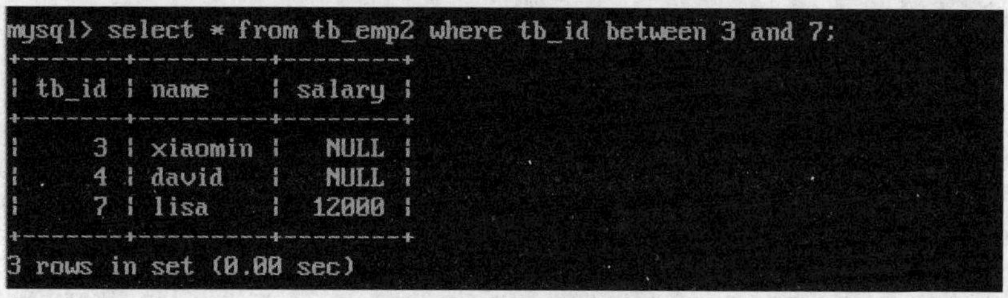

图6-16　例2运行结果

例 3：在 tb_emp2 表中查询名字（name）为 tom、tony、lisa 的员工，命令如下，运行结果如图 6-17 所示。

```
SELECT * FROM tb_emp2 WHERE name in('tom','tony','lisa');
```

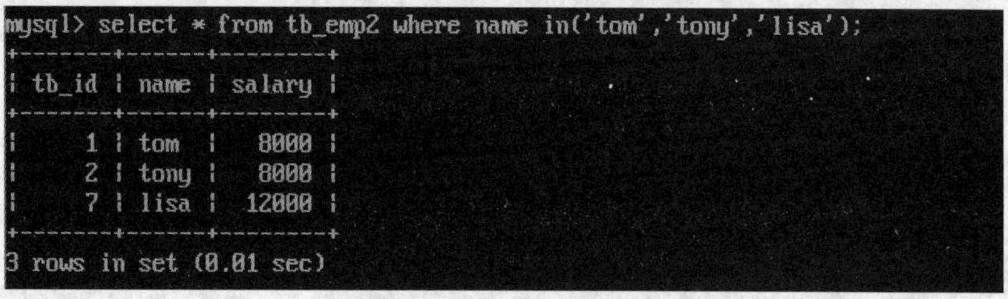

图6-17　例3运行结果

6.6.3 ▶▶ 联合查询

UNION 操作符用于合并两个或多个 SELECT 语句的结果集，以实现联合查询，语法格式如下。

```
SELECT 条件 FROM 表1
UNION
```

```
SELECT 条件 FROM 表2；
```

UNION 和 UNION ALL 的主要区别是 UNION ALL 用于将结果集直接合并在一起，而 UNION 用于将 UNION ALL 后的结果进行一次 DISTINCT，以删除重复结果记录。例如，将 tb_emp1 表和 tb_emp2 表中的员工编号的集合显示出来，命令如下，运行结果如图 6-18 所示。

```
SELECT tb_id FROM tb_emp1
UNION ALL
SELECT tb_id FROM tb_emp2;
```

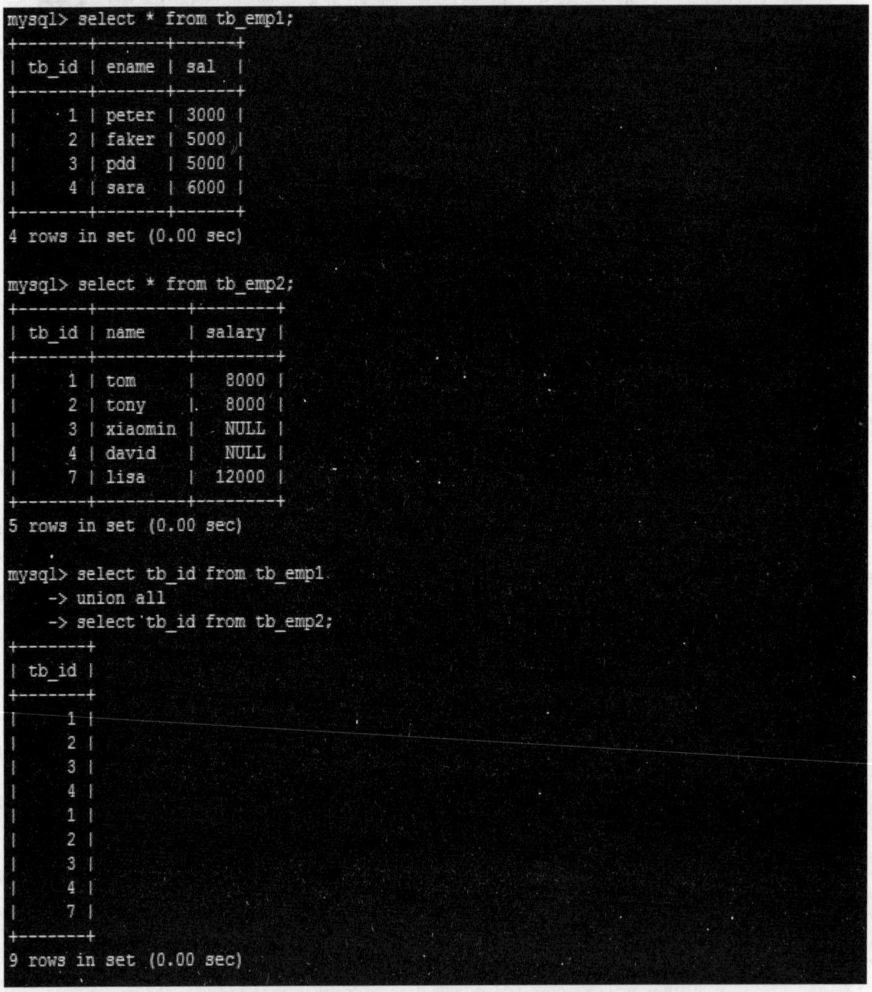

```
mysql> select * from tb_emp1;
+-------+-------+------+
| tb_id | ename | sal  |
+-------+-------+------+
|     1 | peter | 3000 |
|     2 | faker | 5000 |
|     3 | pdd   | 5000 |
|     4 | sara  | 6000 |
+-------+-------+------+
4 rows in set (0.00 sec)

mysql> select * from tb_emp2;
+-------+---------+--------+
| tb_id | name    | salary |
+-------+---------+--------+
|     1 | tom     |   8000 |
|     2 | tony    |   8000 |
|     3 | xiaomin |   NULL |
|     4 | david   |   NULL |
|     7 | lisa    |  12000 |
+-------+---------+--------+
5 rows in set (0.00 sec)

mysql> select tb_id from tb_emp1
    -> union all
    -> select tb_id from tb_emp2;
+-------+
| tb_id |
+-------+
|     1 |
|     2 |
|     3 |
|     4 |
|     1 |
|     2 |
|     3 |
|     4 |
|     7 |
+-------+
9 rows in set (0.00 sec)
```

图6-18 用UNION ALL联合查询的结果

此时可以看到运行结果中有很多重复项，我们可以使用 UNION 操作符来删除重复项，实现联合查询，命令如下，运行结果如图 6-19 所示。

```
SELECT tb_id FROM tb_emp1
UNION
SELECT tb_id FROM tb_emp2;
```

图6-19 用UNION联合查询的结果

查询两个表中包含"8000"的记录，命令如下，运行结果如图 6-20 所示。

```
SELECT tb_id,salary FROM tb_emp2 WHERE salary like'%8000%'
union
SELECT tb_id,salary FROM tb_emp1 WHERE salary like'%8000%';
```

图6-20 查询两个表中salary值为"8000"的记录运行结果

1. 模糊查询

在 MySQL 中，有时需要使用模糊查询，这时就需要用到 LIKE 关键字了，语法格式如下。

```
SELECT 字段 FROM 表名 WHERE 字段 LIKE 值；
```

由于这里的值是模糊的，因此，需要用到通配符，有以下两种匹配方式。

（1）"%"的使用

"%"用来匹配 0 个或多个字符，可以匹配任意类型和长度的字符，对长度没有限制。例如，在 tb_emp1 表中查询 ename 中带有字母 e 的记录，命令如下，运行结果如图 6-21 所示。

```
SELECT * FROM tb_emp1 WHERE ename LIKE '%e%';
```

图6-21 运行结果

（2）"_"的使用

"_"用来匹配任意单个字符，常用来限制表达式的字符长度。例如，在 tb_emp1 表中查询 ename 的值长度为 5，并且第 4 个字符为 e 的记录，命令如下，运行结果如图 6-22 所示。

```
SELECT * FROM tb_emp1 WHERE ename like '___e_';   #这里有两横杠
```

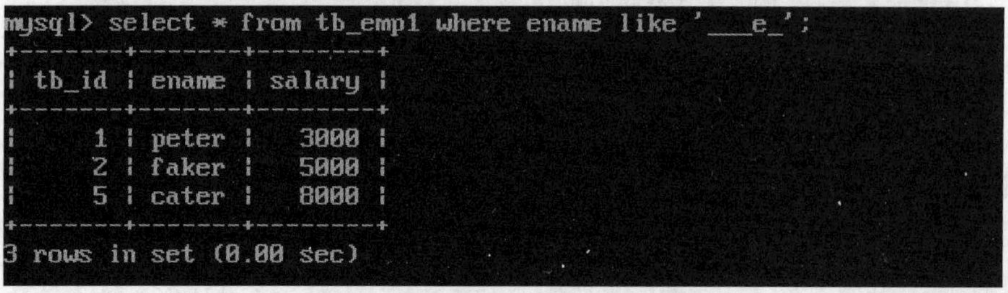

图6-22　运行结果

在 tb_emp2 表中查询员工姓名以 t 开头，并且后面有 2 个字符的记录，命令如下，运行结果如图 6-23 所示。

```
SELECT * FROM tb_emp2 where name like 't__';      #这里有横杠
```

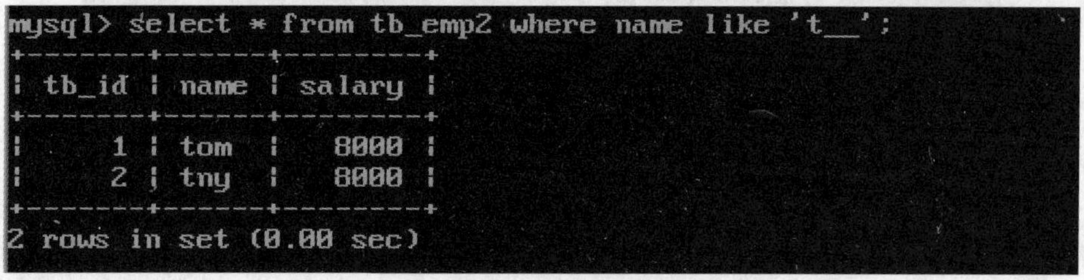

图6-23　运行结果

2. 排序查询

在查询时，查询出来的结果集中可能有很多记录，通常我们会使用 ORDER BY 关键字来进行排序，语法格式如下。

```
SELECT 字段 FROM 表名 WHERE 条件 ORDER BY FIELD1 DESC/ASC,FIELD2 DESC/ASC,…;
```

这里的排序方式仅有两种。DESC 表示降序排列，ASC 表示升序排列，如果排序方式省略不写，则表示使用默认值 ASC。ORDER BY 后面可以跟多个不同的排序字段，每个排序字段都可以有不同的排列顺序。如果排序字段的值一样，则相同的字段按照第二个排序字段进行排序。如果只有一个排序字段，则字段相同的记录将会无序排列。例如，把 tb_emp1 表中的记录按照工资 (salary) 从高到低进行排序，如果 salary 值相同，则按照 tb_id 值从高到低进行排序，命令如下，运行结果如图 6-24 所示。

```
SELECT * FROM tb_emp1 ORDER BY salary DESC,tb_id DESC;
```

```
mysql> select * from tb_emp1 order by salary desc,tb_id desc;
+-------+-------+--------+
| tb_id | ename | salary |
+-------+-------+--------+
|     5 | cater |   8000 |
|     4 | sara  |   6000 |
|     3 | pdd   |   5000 |
|     2 | faker |   5000 |
|     1 | peter |   3000 |
+-------+-------+--------+
5 rows in set (0.00 sec)
```

图6-24　运行结果

>>6.7　使用 Navicat 可视化管理 MySQL 数据

前面介绍了如何登录 Navicat 和创建数据库，本节主要介绍如何使用 Navicat 进行 MySQL 的"增删改查"。

6.7.1 ➤➤ 使用 Navicat 插入 MySQL 语句

使用 Navicat 插入 MySQL 语句的语法格式如下。

```
INSERT INTO 表名 VALUE（值 1，值 2，…）
```

例如，在 Navicat 中单击"新建查询"按钮，在数据库 test3 中的表 table1 中插入如下数据，单击"运行"，插入表数据界面如图 6-25 所示。

```
insert into table1(name,id)values(' 小红 ','001')
```

图6-25　插入表数据界面

6.7.2 ►► 使用 Navicat 修改 MySQL 表数据

使用 Navicat 修改 MySQL 表数据的语法格式如下。

UPDATE 表名 SET 列名=新值 WHERE 列名=某值

例如，在 Navicat 中单击"新建查询"按钮，将 table1 表中的 name 值"小红"修改为"小明"，执行以下语句，修改表数据界面如图 6-26 所示。

UPDATE table1 SET name=' 小明 ' WHERE id='1'

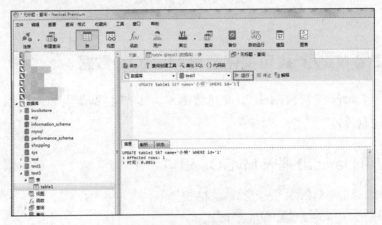

图6-26 修改表数据界面

6.7.3 ►► 使用 Navicat 查询 MySQL 数据

使用 Navicat 查询 MySQL 数据的语法格式如下。

SELECT 字段 FROM 表名 WHERE 条件

例如，在 Navicat 中查询所有 name 值为小明的记录，查询数据界面如图 6-27 所示。

SELECT * FROM table1 WHERE name=' 小明 '

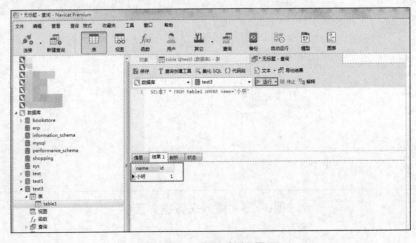

图6-27 查询数据界面

6.7.4 ▶▶ 使用 Navicat 删除 MySQL 数据

使用 Navicat 删除 MySQL 数据的语法格式如下。

```
DELETE FROM 表名 WHERE 列名=值；
```

例如，将 table1 表中 name 为小明的记录全部删除，数据删除界面如图 6-28 所示。

```
DELETE FROM table1 WHERE name='小明'
```

图6-28　数据删除界面

▶▶ 6.8　本章小结

本章主要介绍了 SQL 基本语法，从 SQL 语句的使用范围和类型方面引入，介绍了数据"增删改查"4 种操作语句的语法结构与实际使用方法；除了介绍数据查询语句的常规查询外，还介绍了多种条件下的查询方式，丰富了查询应用场景；最后讲解了如何使用 Navicat 可视化管理 MySQL。

▶▶ 6.9　本章练习

一、单选题

1. 向数据表中插入一条记录使用下列哪个语句？（　　　）

　A. CREATE　　　B. INSERT　　　　　　C. SAVE　　　　　　　　D. UPDATE

2. 下列哪个语句可以修改数据库数据使用？（　　）

　A. UPDATE　　　B. CREATE　　　　　　C. ALTER　　　　　　　　D. DROP

3. 删除用户账户的命令是（　　）。

　A. DROP USER　　　　　　　　　　　B. DROP TABLE USER

C. DELETE USER   D. DELETE FROM USER

4. 下列表达降序排列的是（   ）。

A. ASC   B. ESC   C. DESC   D. DSC

5. 进入要操作的数据库 TEST 使用（   ）。

A. IN TEST   B. SHOW TEST   C. USER TEST   D. USE TEST

6. 下列语句可以用来删除数据表中的一条记录的是（   ）。

A. DELETED   B. DELETE   C. DROP   D. UPDATE

7. 下列语句可以用来从数据表中查找记录的是（   ）。

A. UPDATE   B. FIND   C. SELECT   D. CREATE

8. SQL 是一种（   ）语言。

A. 函数型   B. 高级算法   C. 关系数据库   D. 人工智能

二、多选题

1. MySQL 的数值类型有（   ）。

A. 整数类型   B. 浮点数类型   C. 定点数类型   D. 小数型类型

2. 下列哪些语句属于 MySQL 字符串类型？（   ）

A. VARCHAR   B. VARBINARY   C. BLOB   D. SET

3. 下列关于显示操作说法正确的是（   ）。

A. show database 显示所有数据库

B. show table 显示所有表

C. show tables 显示所有表

D. show databases 显示所有数据库

三、判断题

1. INSERT INTO 表明 VALUES 可用于插入表中数据记录。（   ）

2. DELETE 语句可以用来删除数据。（   ）

3. MySQL 数据库管理系统只能在 Linux 系统下运行。（   ）

4. NULL 代表空值。（   ）

5. 逻辑值的真和假可以用逻辑常量 ture 和 false 表示。（   ）

6. UPDATE 语句可以修改表中的数据，也可以修改表的结构。（   ）

7. 创建的数据库和表名，都可以使用中文名。（   ）

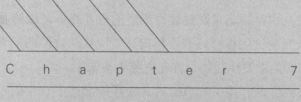

Chapter 7

第 7 章

软件与软件测试概述

在软件测试工作中，软件缺陷是衡量软件质量的重要指标，缺陷报告是测试工程师重要的工作输出。软件测试工程师只有不断提高发现软件缺陷的能力，才能更好地完成测试工作。想要在软件中发现缺陷，首先需要熟悉软件。

本章在介绍软件缺陷之前，用了一节的内容先详细阐述了软件的定义与分类，列举了不同类型软件所具备的特性，为读者进行软件测试学习做了必要的知识铺垫。

① 熟悉软件与软件测试的分类，了解不同类型软件的特性。
② 熟悉软件生命周期的定义，了解软件的开发模型。

>> 7.1 软件的定义与分类

不同类型的软件具有不同的特征，测试工作内容也存在差别。只有熟悉软件，才能更好地完成测试工作。学习软件测试，应先从软件的定义与分类开始。

7.1.1 ▶▶▶ 软件的定义

现在的生活中，软件的身影渗透在我们周边的各个领域。提供购物功能的淘宝、提供支付功能的支付宝、提供视频播放功能的腾讯视频与优酷、出行打车使用的滴滴出行、提供聊天工具的微信与QQ、访问网页使用的浏览器等，都是软件。

国家标准《信息技术软件工程术语》（GB/T 11457—2006）中对软件的定义为：与计算机系统的操作有关的计算机程序、规程和可能相关的文档。

软件是由程序、数据与文档组成的。其中程序指的是软件可执行的文件，如在Windows操作系统中，启动QQ的QQ.exe可执行文件；数据是指软件中的数据内容，如QQ软件的用户名、密码、好友列表，腾讯视频中的电视剧、电影等，都属于软件的数据；文档包括两个部分，一部分是指在软件研发过程中，生成的需求分析文档、设计文档、使用说明书等，另一部分指的是运行软件过程中显示的文本提示与帮助文档。所以软件测试不仅仅是测试可执行程序，也包括对数据与文档的测试。

7.1.2 ▶▶▶ 软件的分类

软件可以从不同角度进行分类，接下来就应用范围、运行平台、授权方式、部署架构这4个角度对软件进行分类，如图7-1所示。

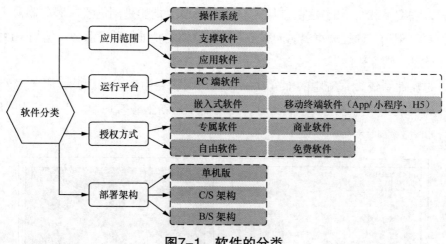

图7-1　软件的分类

（1）从应用范围的角度进行分类，软件可以划分为操作系统、支撑软件与应用软件。

操作系统是指管理计算机硬件与软件资源的程序，同时也是计算机系统的内核与基石，具备五大功能：处理器管理、存储管理、设备管理、文件管理与进程管理。例如Windows、Linux都属于操作系统。

支撑软件是指支撑各种软件的开发与维护的软件，又称为软件开发环境（SDE），例如Python开发环境PyCharm、数据库软件MySQL等。

应用软件是指根据用户与所服务的领域提供的软件，实现某种特定的用途，例如测绘软件Arcgis、办公自动化软件微软Office、游戏软件魔兽世界、聊天工具微信与QQ等。

（2）从运行平台的角度进行分类，软件可以划分为PC端软件与嵌入式软件。

PC端软件指的是运行在个人计算机平台上的软件，又细分为Windows平台的软件与Linux平台的软件。

嵌入式软件是指运行在嵌入式平台上的软件，例如运行在手机移动终端上的软件，又细分为Android软件与iOS软件。

（3）从授权方式的角度进行分类，软件可以划分为商业类软件与非商业类软件。

商业类软件通常被所属的公司视为私有财产而进行严密保护，用户可以通过购买授权序列号或会员资格等获得使用权限，例如Windows操作系统软件、微信阅读软件等。非商业类的软件有的在公司内部使用，不进行商业买卖，而有的属于自由软件授权与免费软件授权，例如Linux操作系统内核属于自由软件授权，微信属于免费软件授权。

（4）从部署架构的角度进行分类，软件可以划分为单机版软件与分布式软件。

单机版软件指的是在一台 PC 上运行，没有客户端与服务器之分的软件，例如单机版游戏软件、Windows 操作系统中的计算器软件等。

分布式软件分为客户端与服务器，有 B/S 架构与 C/S 架构两种。C/S 指的是客户 – 服务器模式，需要下载特定的软件，以访问服务器；B/S 指的是浏览器 – 服务器模式，是一种特殊的 C/S 架构，通过浏览器访问服务器实现软件的功能，获得服务，例如"12306"的 Web 版本软件、百度软件等。

C/S 的软件系统，系统中的部分功能在客户端软件中实现，因此，服务器处理压力相对较小，但是当软件系统版本更新时，用户需要重新下载客户端。手机微信就属于 C/S 架构，如图 7-2 所示。

图7-2　C/S架构的软件——手机微信

B/S 的软件系统，系统中的大部分功能都依赖服务器实现，因此，服务器处理压力相对较大，当软件系统版本更新时，用户不需要重新下载客户端，研发人员部署好服务器端，用户在浏览器地址栏输入访问地址即可以访问。网页版的 12036 购票系统就是 B/S 架构，如图 7-3 所示。

图7-3　B/S架构的软件——网页版12306购票软件

我们还可以从其他不同的角度进行软件分类，例如从行业领域进行划分，软件可分为金融行业的软件、娱乐行业的软件等。不同类型的软件在测试工作中会针对软件的特征制订不同的测试方案，测试工作具有不同的侧重点。熟悉被测软件的行业知识也很重要，例如，如果对银行软件系统进行测试，测试工程师需要熟悉银行的工作流程与术语；如果进行手机软件测试，测试人员需要熟悉手机软件的运行环境，如熟悉 ADB 指令等。在软件测试学习的过程中，需要熟知被测软件及相关内容，测试工作才能做得更为细致、充分。

7.1.3 ▶▶ 软件的特性

在软件测试技术的学习过程中，针对不同类型的被测软件，我们分析不同的测试需求，深挖不同的测试侧重点对软件测试是很有帮助的，首先我们来看看软件的特性，如下。

（1）产品无形：软件没有物理形态，这与传统的物理产品有很大的不同。

（2）研制而成：软件主要是研发团队研制而成，聚集了大量的脑力智慧。

（3）没有磨损：软件产品不存在物理形状产品的磨损与折旧问题。

（4）可移植性：软件产品可以通过研发兼容各种不同的操作平台。

（5）可复用性：容易复制，衍生很多版本。

不同类型的软件具有不同的特性，下面以几类常见软件为例，详细描述不同类型软件的特性差异，为软件测试分析、测试需求提供重要的依据。

1. 分布式与单机版软件之间的特性差异

当部署系统时，分布式软件需要考虑客户端环境与服务器端环境的部署，在服务器正常运行、客户端正常运行，网络也正常运行的基础上，软件才能正常运行。在客户端，对于 C/S 架构的软件，要考虑下载客户端软件的版本是否与当前服务器部署的版本一致；对于 B/S 架构的软件，要考虑使用的浏览器版本是否是软件所支持的版本。相比较而言，单机版的环境部署就简单了很多。

在测试范围上不同类型的软件也有很大区别，单机版不用考虑多用户并发的问题，而 C/S 架构与 B/S 架构的软件需要考虑到多用户并发、服务器压力负载情况下的处理能力。C/S 软件对客户端功能的测试，会涉及客户端软件与操作系统的兼容问题以及与常用软件兼容的问题，而 B/S 软件没有自己特有的客户端软件，不需要考虑这些问题。

2. PC 端软件与移动终端软件（手机软件）之间的特性差异

PC 端软件与移动终端软件的获得方式有很大的差别：PC 端软件可以在网上下载（包括 360 软件管家软件、网页），通过 U 盘、移动硬盘设备拷贝等；手机软件有规定的下载方式，iPhone 手机软件只能从 App Store 中下载，Android 手机软件能从"应用商城"等类似软件里下载。手机软件也可以通过扫描二维码下载。

手机软件较 PC 端软件更加追求便捷，率先支持触屏操作、二维码扫描等。如今的手机，早已不再是那部只负责人与人之间信息沟通的移动终端，它是办公设备，是钱包，是照相机……所以，手机软件追求的是极致的便捷。

手机软件较 PC 端软件对安全性要求更高，手机相较计算机要小巧得多，容易丢失。尽管手机系统平台对安全性已经做了很多举措，如密码锁、指纹识别、人脸识别，为手机的安全做好了第一道防线。但是，我们还是需要十分重视手机软件自身的安全。

手机软件较 PC 端软件多了一项移动联网的方式。不同的位置对手机网络有不同的影响，所以测试人员会选择不同的场景对手机软件进行外场测试。

3. App 软件与微信小程序之间的特性差异

获得 App 软件需要进行下载、安装，而获得小程序只需要搜索或者扫描二维码，更为便捷；App 软件需要安装在手机中，占用内存空间，而小程序不需要安装，不使用时不会占用内存空间；App 软件发布的流程较为复杂，需要应用商店进行审核，而小程序只需要提交到公众平台审核即可；App 软件研发周期长，可以实现完整功能，而小程序研发周期短，实现功能受接口限制。

4. 微信小程序与微信公众号、H5 软件之间的特性差异

与研发成本高、审核流程复杂的 App 相比，很多软件运营商比较青睐微信小程序与公众号、H5 软件。微信小程序是不需要下载、安装即可使用的应用，可以基本实现 App 的功能；微信公众号是内容媒体和 O2O（线上到线下）生活服务的信息化平台；H5 软件属于轻量级应用，开发制作周期短，无须下载即可使用，轻量级应用是最能引爆流量的方式之一，从定位上这三种软件就有很大的区别了。

微信小程序是微信中的云端应用（所以无须安装），通过 WebSocket 协议双向通信（能够保证无须刷新，即时通信）、本地缓存（图片与 UI 本地缓存可降低与服务器交互延时）

以及微信底层技术优化实现了接近原生 App 的体验。微信公众号基于传统 H5 开发与运行，是一种微信账号类型，为用户提供信息与咨询发布平台，打造了一种新的信息传播方式，构建了更好的沟通和管理模式，与 H5 结合后公众号也能够实现一些简单的交互功能。H5 软件自 2014 年以来一直以不同的形式来刷新人们对它的认知：重力感应、游戏、快闪、照片合成、一镜到底、VR、画中画等。

>> 7.2　软件的生命周期

同任何事物一样，软件产品也要经历孕育、诞生、成长、成熟、衰亡等阶段，整个过程称为软件生命周期（软件生存周期），即软件产品从构思至软件产品不再可用的时间周期。

软件生命周期包括软件产品的可行性分析、需求分析、软件设计、软件编码、软件测试、运维测试等阶段，如图 7-4 所示。需要强调的是，这些阶段是可以覆盖或重复执行的。

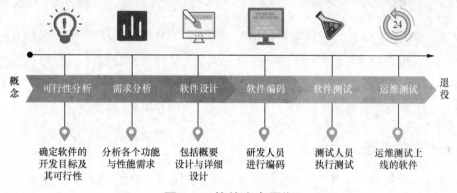

图7-4　软件生命周期

（1）可行性分析阶段。软件开发方与需求方共同定义软件的目标，综合投入成本、研发周期评估、技术参数要求、风险评估等各方面因素，分析软件项目的可行性，最终输出可行性分析报告。

（2）需求分析阶段。通过可行性分析的软件项目，进入需求分析阶段，在这个阶段要分析出软件要实现的功能模块、达到的性能水平，最终输出软件需求文档。

（3）软件设计阶段。分为概要设计与详细设计。

概要设计是针对系统或部件分析各种设计方案和定义软件体系结构、部件、接口，估计出时间和规模的过程。例如，要完成数据库设计、框架设计，建立模块的层次结构及调用关系等，输出概要设计文档、软件结构图等。

详细设计对概要设计阶段的内容进一步细化，推敲并扩充初步设计，以获得关于处理逻辑、数据结构和数据定义的更加详尽的描述，直到设计完善到足以实现的地步，诸如完成每个模块的实现算法，对每个模块实现的功能进行具体的描述，要把功能描述转变为精确、结构化的过程描述，输出详细的设计文档，如流程图、PAD 图、伪代码等。

（4）软件编码阶段。研发人员根据设计阶段输出的业务逻辑设计与原型图设计，开始编写软件的代码，并对单元模块代码按照设计进行组装与调试。

（5）软件测试阶段。根据软件项目提出的测试需求，准备测试数据、测试用例，部署测试环境，使用测试版本执行测试，提交测试报告。

（6）运维测试阶段。通过测试的版本进行交付上线后，进入运维测试阶段，根据用户的需求，跟踪系统的运行情况，对系统进行版本升级等。

软件因各种原因被淘汰后，软件的"生命"也就结束了。随着软件产品质量越来越受重视，如今的软件测试工作是贯穿整个软件生命周期的，也就是说，在软件生命周期的各个阶段，都有测试需求。测试人员需要在不同的测试阶段采用不同的测试方法，对软件阶段性输出的内容进行测试。

▶▶ 7.3 软件的开发模型

软件测试工作与软件开发模型密切相关，在不同的软件开发模型中，测试的任务和作用也不同。因此，测试人员需要了解软件开发模型。软件开发模型规定了软件开发应遵循的步骤，清晰直观地表达了软件开发的全过程。既要用一定的流程将项目管理、需求分析、系统设计、程序设计、测试、维护等环节连接起来，也要用规范的方式操作全过程。

7.3.1 ▶▶ 瀑布模型

1970 年，温斯顿·罗伊斯（Winston Royce）提出了著名的"瀑布模型"。直到 20 世纪 80 年代早期，它一直是唯一被广泛使用的软件开发模型。瀑布模型将软件开发过程分为 6 个基本活动：计划—需求分析—软件设计—编码—测试—运行维护，如图 7-5 所示。这种自上而下、相互衔接的固定次序，如同瀑布流水，逐级下落。在瀑布模型中，软件开发的各项活动严格按照线性方式进行，前一个阶段的任务完成之后才能进入下一个阶段。软件开发的每一个阶段都要有结果产出，结果经过审核验证之后作为下一个阶段的输入，下一个阶段才可以顺利进行。如果结果审核验证不通过，则需要返回修改。

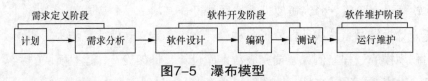

图7-5　瀑布模型

瀑布模型使整个项目有了清晰的检查点，在一个阶段的任务完成之后，开发人员只需要把精力放在后面的开发任务上，这有利于开发人员对大型软件进行组织和管理，提高开发效率。

但是瀑布模型是严格按照线性方式进行的，无法随着客户需求变更，用户只能等到最后才能看到开发成果，这就增加了开发风险，早期的错误要等到在开发后期的测试阶段才能被发现，进而可能带来严重的后果。

7.3.2 ▸▸▸ 快速原型模型

快速原型模型（如图 7-6 所示）的第一步是建造一个快速原型，实现客户或未来用户与系统的交互，用户对原型进行评价，进一步细化对软件的需求。开发人员通过不断调整原型使其满足客户的需求，提前确认客户真正需要什么，从而开发出让客户满意的软件产品。

快速原型方法可以克服瀑布模型的缺点，降低由于软件需求不明确带来的开发风险。快速模型的关键在于尽可能快速建造出软件原型，以反映客户的真实需求。

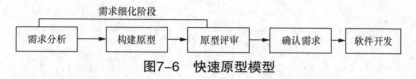

图7-6　快速原型模型

7.3.3 ▸▸▸ 迭代模型

迭代模型又称增量模型，与建造大厦相同，软件也是一步一步构建起来的。在增量模型中，软件被作为一系列的增量构件来设计、实现、集成和测试，每一个构件是由多种相互作用的模块所形成的提供特定功能的代码片段构成。整个开发工作被划分为一系列短期的小项目，成为一系列迭代，每个迭代都需要经过"需求分析—软件设计—编码—测试"的过程，其开发过程如图 7-7 所示。

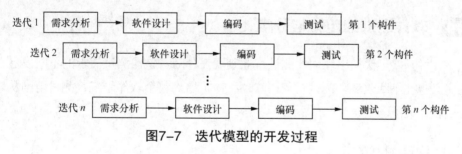

图7-7　迭代模型的开发过程

7.3.4 ▸▸▸ 螺旋模型

1988 年，巴利·玻姆正式提出了软件系统开发的"螺旋模型"。螺旋模型将瀑布模型和快速原型模型结合起来，强调了其他模型所忽视的风险分析，特别适合于大型、复杂的系统。

螺旋模型将整个项目开发过程划分为几个不同的阶段，沿着螺线进行若干次迭代，如图 7-8 所示。图 7-8 中的 4 个象限代表了以下活动。（1）制订计划：决定软件目标，选定实施方案，了解项目开发的限制条件；（2）风险分析：分析、评估所选方案，考虑如何识别和消除风险；（3）实施工程：实施软件开发和验证；（4）客户评估：评价开发工作，提出修正建议，制订下一步计划。

在螺旋模型中，每一个迭代都需要经过这 4 个步骤，直到最后得到完善的产品，才可以提交。螺旋模型强调了风险分析，更有助于将软件质量作为特殊目标融入产品开发中。

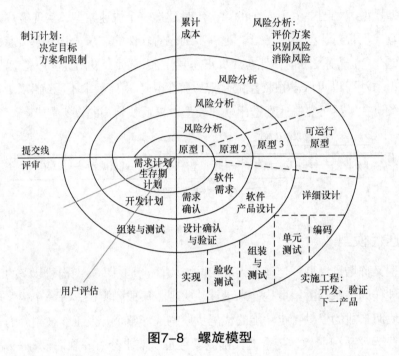

图7-8　螺旋模型

>>**7.4**　软件测试的定义与分类

从 20 世纪 80 年代初出现软件测试行业到现在，随着软件测试需求的不断发展，软件测试的定义也在不断改变。测试对象由软件程序扩展到整个软件系统，测试范围从软件功能扩展到软件性能。

7.4.1 ▶▶▶ 软件测试的定义

现在通用的软件测试的定义是由 IEEE（电气电子工程师学会）于 1983 年提出的，即："软件测试是使用人工或自动的手段来运行或测定某个软件系统的过程，其目的在于检验它是否满足规定的需求或查清预期结果与实际结果之间的差别。"这个定义明确了软件测试的对象、测试的方式与测试的目的。

7.4.2 ▶▶▶ 软件测试的分类

随着软件测试行业的发展与行业地位的提升，软件测试工作的分工越来越精细，软件测试可以从不同角度进行分类，如图 7-9 所示。

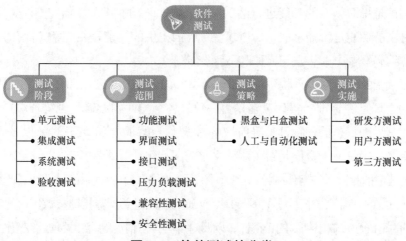

图7-9　软件测试的分类

（1）按照软件测试阶段进行划分，软件测试可以分为单元测试、集成测试、系统测试与验收测试。

单元测试是指针对单元模块展开的测试，单元模块指的是软件设计的最小单元、逻辑相对独立的代码段，例如 Java 的一个类、函数、图形界面软件中的一个窗口或存储过程等。单元测试阶段一般以白盒测试为主、黑盒测试为辅，大多数单元测试的工作是由研发人员实施。为了测试模块，需要设计编写驱动模块与桩模块的代码。

集成测试是指把软件单元模块按照软件设计规格说明，组装成模块、子系统或系统，在组装的过程中，检测它是否达到或实现相应技术指标及要求。集成测试阶段一般以黑盒测试为主、白盒测试为辅，这个阶段的测试工作主要由专业的测试工程师负责。例如，在ATM 机系统的研发工作中，完成查询功能与取款功能的组装工作，对查询与取款两个模块的接口、功能展开测试。检查取款时系统是否能查询余额、查询的结果是否正确、金额是否大于账户金额、系统是否会给出正确提示。

系统测试是指软件在通过集成测试之后，作为计算机系统的一个部分，与系统中其他部分结合起来的情况下、在实际运行环境中对计算机系统进行的一系列严格有效的测试，以发现软件潜在的问题，保证系统正常运行，主要目的是验证软件系统最终是否满足用户的需求。例如，针对淘宝系统，测试其是否可以允许 100 万用户同时访问、购物。

验收测试是指在部署软件之前的最后一个测试环节，它是以签订的软件研发合同为依据展开的测试，是软件产品完成了单元测试、集成测试和系统测试之后，在发布之前所进行的软件测试活动。验收测试是技术测试的最后一个阶段，也称为交付测试。验收测试的目的是确保软件准备就绪，并且可以让最终用户将其用于执行软件的既定功能和任务。

在软件测试工作中，我们要清楚处于哪个测试阶段，才能清楚测试的主要目的。

（2）按照软件测试范围进行划分，软件测试可以分为功能测试、界面测试、接口测试、压力负载测试、兼容性测试与安全性测试。

功能测试是指对软件的功能进行测试，验证软件的功能正确性与完整性。例如，测试QQ软件的登录功能是否能够实现、QQ登录界面提供的功能是否完整（比如是否包括账号登录与二维码登录方式、忘记密码与取消登录等）。

界面测试指的是针对软件提供的用户界面（UI）展开的测试。例如，测试用户界面的功能模块的布局是否合理、整体风格是否一致、各个控件的放置是否符合客户使用习惯，此外还要测试界面操作的便捷性、导航简单易懂性、页面元素的可用性，以及界面文字是否正确、命名是否统一、页面是否美观、文字与图片组合是否完美等。

接口测试是指测试系统组件间接口的一种测试，主要用于测试系统与外部其他系统之间的接口，以及系统内部各个子模块之间的接口。测试的重点是要检查接口参数传递的正确性、接口功能实现的正确性、输出结果的正确性，以及对各种异常情况的容错处理的完整性和合理性。

压力负载测试是指在一定约束条件下，测试系统所能承受的并发用户量、运行时间、数据量，以确定系统所能承受的最大负载压力。在高负载与高压力的情况下，测试软件的各项性能指标，如响应时间、每秒事务处理数（吞吐量）、系统占用资源（CPU、内存）等，以检验系统的行为和特性，发现可能存在的性能瓶颈。

兼容性测试是指检查软件之间能否正确地进行交互和共享信息。随着用户对各种类型软件之间共享数据能力和充分利用空间、同时执行多个程序能力等要求的提高，测试软件之间能否协作变得越来越重要。软件兼容性测试工作的目标是保证软件以用户期望的方式进行交互。例如，测试微信能够发送的图片格式有哪些、微信软件在iOS与Android系统中运行的情况。

安全性测试指验证安装在系统内的保护机制能否在实际应用中对系统进行保护，使之不被非法入侵，不受各种因素干扰，是一种以攻为守的测试。我们可以使用专业的安全性测试工具扫描软件的安全漏洞，使用黑客技术尝试攻击部署好的被测系统，测试软件数据信息是否安全、网络环境是否安全。

（3）按照软件测试策略进行划分：根据测试过程是否需要对软件的源代码展开测试，分为黑盒测试与白盒测试；根据测试过程中是否需要引入自动化测试工具，分为人工测试与自动化测试。

黑盒测试是基于功能的测试，指把程序看作一个不能打开的黑盒子，在完全不考虑程序内部结构和内部特性的情况下，在程序接口进行测试。黑盒测试只检查程序功能是否能够按照规格说明书的规定被正常使用、程序是否能适当地接收输入数据而产生正确的输出信息。黑盒测试着眼于程序外部结构，不考虑内部逻辑结构，站在用户的角度，主要针对软件界面和软件功能进行测试。

白盒测试是基于代码的测试，指把程序看作一个透明的盒子，测试程序的内部结构和内部特性，检查编码的风格与标准、代码逻辑设计是否合理。白盒测试着眼于程序内部逻辑，不考虑外部特征，主要针对软件源代码进行测试。白盒测试一般由研发人员实施。

人工测试是指执行测试过程中不引入自动化测试工具的测试工作。

自动化测试是指执行测试过程中引入自动化测试工具的测试工作，一方面是为了完成人工无法完成的工作内容，如测试 500 个用户同时向系统发出登录请求、获得登录事务的响应时间；另一方面是为了提高工作效率，使自动化工具完成大量重复的测试工作，例如，使用自动化工具完成 100 次登录操作、测试系统的稳定性、在新的版本上完成回归测试。

（4）按照安装软件测试实施方进行划分，软件测试分为研发方测试、用户方测试与第三方测试。

研发方测试是指在研发的环境下，由研发公司或部门实施测试工作；用户方测试是指在用户的环境下，由甲方公司或部门实施测试工作；第三方测试是指既不是研发方，也不是客户方，而是具有测试能力或资质的第三方公司或部门实施测试工作。相较前两种情况，第三方测试较为公平公正，更为专业。软件测试外包公司就属于第三方测试。

7.4.3　软件测试的工作内容

软件测试工程师在测试准备阶段、执行测试阶段与测试完成阶段有不同的工作内容。在测试准备阶段，测试工作主要包括测试需求分析、测试计划的设计与编写、测试环境的搭建、测试用例的编写、测试数据的准备，如果是自动化测试，则包括自动化脚本的编写与调试；在执行测试阶段，测试工作主要包括执行测试用例、提交缺陷报告与跟踪缺陷报告；在测试完成阶段，测试工作内容主要包括提交测试总结报告，对测试工作与软件质量进行总结。

在公司中，对软件测试工程师有很多具体的职位划分。按照技术层次划分，软件测试工程师分为初级测试工程师、中级测试工程师与高级测试工程师。例如，在华为科技公司，软件测试技术人员分为 T01 ~ T06 这 6 个等级；在谷歌公司，软件测试技术人员分为软件测试开发工程师（SET）与软件测试工程师（TE）两种。

▶▶7.5　本章小结

本章对软件的定义与分类、软件测试的定义与分类、软件测试的工作内容进行了讲解，所描述的概念在实际项目中的出现率都比较高，这些概念也是初级软件测试人员应当了解和熟悉的内容。

▶▶7.6　本章习题

一、单选题

1. 必须要求用户参与的测试阶段是（　　）。

　A. 单元测试　　　　B. 集成测试　　　　C. 系统测试　　　　　D. 验收测试

2.软件测试人员进行测试工作的目的是（ ）。

    A.发现软件缺陷

    B.发现软件缺陷，尽可能早一些

    C.发现软件缺陷，尽可能早一些，并确认得以修复

    D.发现软件缺陷，尽可能早一些，并将其修复

3.在软件生命周期的哪一个阶段，软件缺陷修复费用最低？（ ）

    A.需求分析   B.设计   C.编码   D.产品发布

4.下列开发模型属于（ ）。

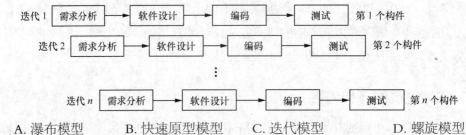

    A.瀑布模型   B.快速原型模型   C.迭代模型   D.螺旋模型

二、多选题

1.软件的分类标准有（ ）。

    A.应用范围   B.应用平台   C.授权方式   D.部署架构

2.软件的生命周期分为（ ）。

    A.需求分析   B.软件设计   C.软件编码   D.版本维护

3.下列关于软件的特性描述正确的是（ ）。

    A.可移植性   B.可复制性   C.研制而成   D.周期短

4.下列关于软件测试的分类正确的是（ ）。

    A.测试阶段   B.测试范围   C.研发阶段   D.测试实施

5.关于软件测试分类正确的描述有（ ）。

    A.按照软件测试阶段进行划分，软件测试可以分为单元测试、集成测试、系统测试与验收测试

    B.按照软件测试范围进行划分，软件测试可以分为功能测试、界面测试、接口测试、压力负载测试、兼容性测试与安全性测试

    C.接口测试是指测试系统组件间接口的一种测试，主要用于测试系统与外部其他系统之间的接口，以及系统内部各个子模块之间的接口

    D.软件兼容性测试是指检查软件之间能否正确地进行交互和共享信息，不包括平台的兼容

三、判断题

1.软件是由程序、数据与文档组成的。（ ）

2. 手机微信属于 B/S 架构软件。（　　　）

3. 软件测试的开发模型可分为瀑布模型、快速原型模型、迭代模型、螺旋模型。（　　　）

4. 软件测试的目的在于检验软件是否满足规定的需求或弄清预期结果与实际结果之间的差别。（　　　）

5. 软件测试只需要测试软件程序的运行。（　　　）

6. 集成测试是指把软件单元模块按照软件设计规格说明，组装成模块、子系统或系统，在组装的过程中，检测是否达到或实现相应技术指标及要求。（　　　）

7. 软件测试工程师的工作内容包括执行测试与执行测试之前的准备工作。（　　　）

四、简答题

1. 软件测试按照测试策略可分为哪几种？请分别加以说明。

2. 软件的开发模型有哪些？

Chapter 8

第8章

软件缺陷

■ 内容导学

在软件研发的过程中，需求不断地更改与调整、团队沟通不充分、需求分析与设计不合理以及研发技术的问题等，都有可能导致软件缺陷的产生。

在软件测试工作中，软件缺陷是衡量软件质量的重要指标。所以，识别与提交软件缺陷在测试工作中显得尤为重要。

■ 学习目标

① 能够识别软件缺陷。
② 编写有效的缺陷报告。
③ 掌握跟踪软件缺陷及处理软件缺陷的流程。

>>8.1 软件缺陷案例

我们先来看几个存在软件缺陷的案例。

（1）性能问题案例。当新浪微博的热搜新闻访问量过大时，内容将无法显示，如图 8-1 所示。

（2）用户界面问题案例。在"火柴人打羽毛球"游戏中，在比赛的过程中，玩家有时会跳入对手场地，如图 8-2 所示。

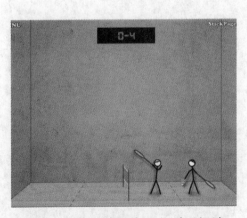

图8-1　新浪微博热搜内容无法显示　　图8-2　羽毛球玩家跳入对手场地

在"王者荣耀"界面中，倒计时有时会显示为负数，如图 8-3 所示。

（3）功能问题案例。在 Windows 文本文档中，输入"联通"，关闭文本文档，再次打开文本文档，显示为乱码，如图 8-4 所示（在 Windows 10 版本中，这个缺陷已经被修复了）。

图8-3　倒计时显示为负数　　　　图8-4　文本文档中"联通"显示为乱码

软件缺陷的类型除了以上提到的性能问题、用户界面问题、功能问题以外，还有接口问题、逻辑问题、计算问题、文档问题、配置问题、标准问题与兼容问题等。提交软件缺陷并对缺陷进行准确的分类，对研发人员修复缺陷有很大的帮助。

以上提到的几个缺陷案例，可以通过研发人员及时修复与调优来满足用户需求，即便造成经济损失，也在可控范围之内。但是有些软件缺陷一旦产生，导致的结果便是灾难性的。

>> 8.2　缺陷的定义与 Bug 名称的由来

8.2.1 >> 缺陷的定义

简单来讲，软件在使用过程中不满足用户需求的问题都是软件的缺陷。

IEEE 对软件缺陷的定义是：从产品内部看，缺陷是软件产品开发或维护过程中存在的错误、毛病等各种问题。从产品外部看，缺陷是系统所需要实现的某种功能的失效或违背。

在软件测试行业，对软件缺陷也有如下规定。如果软件存在以下情况，都可认为是软件缺陷。

① 软件未实现产品说明书要求的功能。

② 软件出现了产品说明书指明不应该出现的错误。

③ 软件实现了产品说明书未提到的功能。

④ 软件未实现产品说明书虽未明确提及但应该实现的功能。

⑤ 软件难以理解、不易使用、运行缓慢，或者从测试人员的角度看，最终用户不会认可软件。

8.2.2 ▶▶ Bug 的由来

第一位用 Bug 表示缺陷的人是格蕾丝·穆雷·赫柏（Grace Murray Hopper，1906—1992），如图 8-5 所示。她是美国海军准将及计算机科学家，也是世界上最早的一批程序员中的一员。她创造了商用计算机编程语言 COBOL，被誉为 "COBOL 之母"。

有一次，格蕾丝在实验室工作的时候，发现计算机无法正常工作，当时使用的还是第一代计算机（如图 8-6 所示），它是由许多庞大且昂贵的真空管组成的，利用大量的电力来使真空管发光。由于小虫子（Bug 一词的原意是臭虫或虫子）的趋光与趋热特点，一只小虫子飞到了真空管中，导致计算机发生异常。她把这只小虫子从真空管中取出后，计算机就恢复正常了。格蕾丝把这只小虫子粘到了当天的工作报告中，后来，Bug 这个名词被沿用下来，表示软件的错误、缺陷、漏洞或问题。后来，人们又将发现并加以纠正 Bug 的过程叫作 "Debug"，意为 "捉虫子" 或 "杀虫子"。

图8-5　格蕾丝·穆雷·赫柏　　　图8-6　第一代计算机的概述图

▶▶ 8.3　缺陷的识别与重现

8.3.1 ▶▶ 缺陷产生的原因

软件缺陷的产生主要是由软件产品的特点和开发过程决定的，比如需求不清晰、需求变更频繁、开发人员水平不足等。总结起来，软件缺陷产生的原因主要有以下几点。

（1）需求不明确。软件需求不清晰或者开发人员对需求理解得不明确，会导致软件在设计时偏离客户的需求目标，造成软件功能或特征方面的缺陷。此外，客户频繁变更需求也会影响软件最终的质量。

（2）软件复杂度高。如果软件系统架构比较复杂，就会导致软件的开发、维护和扩展比较困难，复杂的系统在运行时也会隐藏互相作用的问题，从而导致隐藏的软件缺陷。

（3）项目周期短。软件产品更新迭代周期很短，开发团队要在有限的时间内完成软件产品的开发，开发人员往往是在疲劳状态下开发软件，这种状态下编写的代码质量不高，开发人员处理软件问题的态度也不利于软件开发。

（4）编码问题。软件开发程序员水平参差不齐，开发过程中若缺乏有效的沟通和监督，累计的问题越来越多，如果不能及时解决这些问题，也会导致软件中存在较多的缺陷。

（5）使用新技术。当代社会，技术发展日新月异，使用新技术进行软件开发时，如果新技术本身存在不足，或者开发人员对新技术掌握不精，也会影响软件产品的开发，导致软件存在较多的缺陷。

8.3.2 ▶▶ 缺陷的识别

缺陷的识别指的是在测试工作中从发现问题到确认该问题属于缺陷的过程。

缺陷的识别，需要从以下几个方面入手，如图 8-7 所示。

（1）需求文档。在用户提供的需求说明书、设计文档、技术参数、用户使用手册等文档中查找相关的信息，判断发现的问题是否为软件缺陷。

（2）团队沟通。可以与其他测试工程师、测试组长、产品经理、客户等进行沟通，探讨、确认发现的问题是否为软件缺陷。

图8-7 软件缺陷识别

（3）竞品参考。在同类竞品中操作相关的软件功能与服务，确认是否有同类问题，以判断是否要将发现的问题定为软件缺陷。

（4）政府要求。软件研发工作，要服从政府的要求，确认是否存在有违反政策、违反法律的不当操作行为。

（5）社会因素。根据当地的风俗习惯进行判断。

8.3.3 ▶▶ 缺陷的重现

在发现软件问题，确认该问题是软件缺陷后，接下来就需要分析缺陷的重现步骤。如果识别出的缺陷不能重现，则这类缺陷被称为随机缺陷，即偶尔出现或者在测试过程中只出现过一次的缺陷。发现缺陷后要在第一时间保存截图和相关日志，当缺陷无法重现时，可以让开发人员进行分析。

总之，识别缺陷是测试人员最基本的工作能力。重现缺陷、分析缺陷重现的关键步骤，可以协助研发人员初步定位缺陷产生的原因。

➤➤ **8.4** **缺陷的分类**

从不同的角度可以将缺陷分为不同的种类。

按照缺陷的发生阶段可以将缺陷分为需求阶段缺陷、架构阶段缺陷、设计阶段缺陷、编码阶段缺陷、测试阶段缺陷、线上阶段缺陷。

按照测试种类可以将软件缺陷分为界面类缺陷、功能类缺陷、性能类缺陷、安全类缺陷、兼容类缺陷等。

➤➤ **8.5** **缺陷的严重程度与优先级**

8.5.1 ➤➤ 缺陷的严重程度

缺陷的严重程度是指该缺陷对项目或产品的影响程度，可以分为 4 个等级（等级的划分因项目管理不同而不同）。

（1）非常严重的缺陷。例如，软件的意外退出甚至操作系统崩溃，造成数据丢失。

（2）较严重的缺陷。例如，软件的某个菜单不起作用或者产生错误的结果。

（3）一般缺陷。例如，本地化软件的某些字符没有翻译或者翻译不准确。

（4）界面的细微缺陷。例如，某个控件没有对齐，某个标点符号丢失等。

8.5.2 ➤➤ 缺陷的优先级

优先级是指处理该缺陷的紧迫程度，可以分为 4 个等级（等级的划分因项目不同而不同）。

（1）立刻处理。

（2）在这个版本上修复。

（3）在以后的版本上修复。

（4）有时间再修复。

严重程度是决定优先级的因素之一。通常来讲，严重程度越高的缺陷，优先级一般也比较高，但这并不是绝对的。优先级的定级，还会考虑其他因素，如缺陷的重现率、修复缺陷的成本、项目时间进度、修复缺陷的风险、技术能力等，都会制约缺陷报告的优先级。例如，软件界面 Logo 的错误，从技术层面来讲，并不是很严重的问题，但是处理的优先级一定会很高。

➤➤ **8.6** **缺陷报告与处理流程**

在执行测试的过程中，测试人员发现了缺陷，需要填写缺陷报告来记录缺陷。研发人员收到缺陷报告就可以知道软件发生了什么问题，缺陷报告是测试人员与研发人员重要的沟通工具。

8.6.1 ▶▶▶ 缺陷报告的作用

在软件测试过程中，测试人员在提交软件测试结果时都会用公司规定的模板或软件将缺陷的详细情况记录下来，并生成缺陷报告。缺陷报告具有以下作用。

（1）记录缺陷：缺陷报告明确、清晰地记录了软件的缺陷。

（2）缺陷分类：对缺陷进行分类，可以根据严重程度与优先级进行分类，也可以根据所属模块与版本等进行分类。

（3）跟踪缺陷：方便测试人员对提交的缺陷进行跟踪，查看缺陷是否被修复。

（4）分析统计：方便对缺陷进行分析统计，衡量软件的质量。

8.6.2 ▶▶▶ 缺陷报告的组成

我们先来看一份缺陷报告，如图 8-8 所示。

Bug001 缺陷报告				
标 题	保存内容为"联通"，显示为乱码。			
基本信息	产品名称：	文本文档	提交人：	孔测试
	所属模块：	查看	处理人：	孟研发
	提交日期：	2020-11-04	处理日期：	
	严重程度：	4	状态：	待确认
	优先级别：	4	操作系统：	Win10
	发现版本：	10.0	修复版本：	
详细描述	**预处理：** 1. 运行 Windows 操作系统。 **重现步骤：** 1.新建一个文本文档； 2.输入内容为"联通"； 3.保存并关闭文档； 4.再次打开该文本文档； 5.检查显示内容。 **实际结果：** 没有显示"联通"内容，显示为乱码。 新建文本文档.txt - 记事本 文件(F) 编辑(E) 格式(O) 查看(V) 帮助(H) ◆◆° **预期结果：** 应该显示"联通"内容。			
评 论				

图8-8 缺陷报告

缺陷报告的主要组成部分如下。

（1）缺陷报告的标题。用一句话来概述缺陷，指明在什么情况下，做了什么，产生了什么缺陷。

（2）缺陷报告的基本信息如下。

缺陷报告的编号：唯一标识一份缺陷报告。

产品名称：缺陷是在哪个产品中被发现的。

所属模块：缺陷是在哪个功能模块被发现的。

发现版本：缺陷是在哪个版本被发现的。

修复版本：缺陷已经在哪个版本被修复。

提交人：发现、记录缺陷的测试人员。

处理人：下一步处理缺陷报告的人员，可能是要修复缺陷的研发人员，也可能是要确认缺陷的管理人员。

操作系统：缺陷可以重现的操作系统版本。

严重程度与优先级：参考 8.5 节。

状态：缺陷报告所处的状态，如待确认、已确认、已修复、已关闭等。

（3）缺陷的详细描述。

预处理：重现缺陷需要的预置条件。例如，删除记录操作，需要先添加记录。

重现步骤：重现缺陷的关键步骤，一般都是用动词开始描述，使用步骤编号。

实际结果：执行完重现步骤后，系统产生的实际结果，可以将实际结果截图加以说明。

预期结果：执行完重现步骤后，根据软件需求，系统应该产生的结果，可以将需求文档中相关的内容截图加以说明。

（4）其他。

缺陷处理过程中处理人的评论与备注，与缺陷相关的链接、附件、测试数据等。

8.6.3 ▶▶ 缺陷报告的处理流程

在软件测试工作中，管理者会在测试项目启动前制定缺陷报告的处理流程。常用的缺陷报告处理流程如图 8-9 所示。

测试人员提交缺陷报告，测试主管（或缺陷报告审核人员）审核缺陷报告，如果确认是需要修复的缺陷，测试主管或项目负责人将其提交给研发人员，研发人员修复缺陷后，测试人员在修复的版本中验证缺陷是否被修复（这个测试过程叫作返测），返测通过，测试人员关闭缺陷报告。

没有通过返测，测试人员会再次将缺陷报告提交给研发人员，研发人员需要再次修复缺陷，直到返测通过，测试人员关闭缺陷报告。有的缺陷报告优先级别比较高，或者由于其他原因，需要项目负责人进行审核确认。另外，已经关闭的缺陷报告，如果缺陷再次出现，测试人员会将已关闭的缺陷报告再次提交给研发人员以修复缺陷。

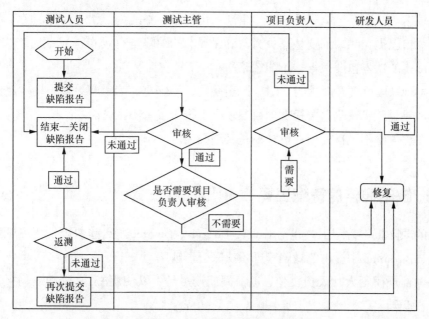

图8-9 缺陷报告处理流程

8.6.4 ▶▶ 缺陷报告的状态

在缺陷报告处理的过程中，随着解决方案的改变，缺陷报告的状态也随之改变，缺陷报告的状态与解决方案介绍如下。

（1）待确认：测试人员提交缺陷报告后，等待审核人员确认的状态。

（2）已确认：缺陷报告由审核人员审核并通过审核，确认为需要修复的状态。

（3）已解决：缺陷已经被修复。

（4）已拒绝：被拒绝的缺陷报告，审核人员或研发人员认为不是软件缺陷。

（5）再次打开：已经提交并已修复的缺陷，再次重现，再次被激活。

（6）延期：被延期处理的缺陷报告。

（7）重复的：已经被提交过的缺陷报告，通常会提供已提交缺陷报告的 ID。

（8）已关闭：测试人员对已修复的缺陷进行返测，通过后，会把缺陷报告修改为已关闭状态，或者测试人员接收了缺陷报告的处理方案，如处理方案被拒绝、被忽略，测试人员也会将缺陷报告修改为已关闭状态。

▶▶ 8.7 编写缺陷报告的原则

测试人员在编写缺陷报告时，要遵循以下原则。

（1）在一个缺陷报告中，只提交一个缺陷，以方便缺陷的跟踪与统计。

（2）缺陷描述要清晰、准确、易读，以方便团队沟通。

（3）要客观、准确地填写缺陷的严重性、优先级，不能为了引起注意，随意夸大。

（4）对自己提交的缺陷要认真负责，确保提交的缺陷是有效的。不要提交"假缺陷"。

（5）细小的缺陷也要报告，不能忽略。

（6）发现缺陷就要及时报告，尽早提出问题，为修复缺陷争取更多的时间。

（7）如果是随机缺陷，要根据项目要求决定报告或者不报告。

（8）在报告中不进行任何评价，只是客观描述。

▶▶8.8 缺陷报告的管理工具

常见的缺陷报告管理工具包括 Excel、Bugzilla、Bugfree 等，也可以使用测试项目管理工具禅道、Redmine 中提供的缺陷管理模块来管理缺陷。

如果项目规模不大，人员较少、项目周期较短，可以使用 Excel 管理缺陷报告，模板如图 8-10 所示。

缺陷编号	模块	Bug 标题	重现步骤	预期结果	实际结果	截图	浏览器兼容问题	严重程度	优先级别	处理结果	提交日期	测试人员
1	热门借阅	检索框检索错误	1. 在检索框内输入"天"；2. 语言输入为中文，类型为题名，匹配规则为任意匹配或者与前方一致	搜索结果的题名中包含"天"字	无与之匹配的结果		否	高	高		2020/8/31	
2	热门借阅	检索框检索错误	1. 检索框内输入"鬼谷子"；2. 语言输入为中文，类型为题名，匹配规则为完全匹配	搜索结果只有《鬼谷子》一本书	无与之匹配的结果		否	高	高		2020/8/31	
3	热门借阅	行业检索	选择行业为：D 政治、法律	搜索结果为与行业有关的相关书籍	结果为《天龙八部》之类的小说		否	高	高		2020/8/31	
4	热门借阅	行业检索	所有书籍的标签是如何制定的，无法判断是否正确	根据书籍简介判断行业标签	行业标签体系混乱		否	高	高		2020/8/31	

图8-10　Excel管理缺陷报告

如果项目规模较大，人员较多、项目周期较长，可以使用 Bugzilla、Bugfree 管理缺陷报告。

如果整个测试项目要通过管理工具进行集成管理，则可以使用禅道、Redmine。其中，Redmine 属于开源工具，是基于 Web 的项目管理和缺陷跟踪工具；禅道也是开源工具，是第一款国产的开源项目管理软件，它的核心管理思想基于敏捷方法 Scrum，内置了产品管理和项目管理，现在版本繁多，既有开源版又有商业版。

▶▶8.9 本章小结

本章详细阐述了进入软件测试行业需要掌握的两个术语，即软件缺陷、缺陷报告。

软件缺陷的重要性在本章被一再强调。发现缺陷并记录生成缺陷报告、跟踪缺陷报告的处理流程，是非常重要的测试工作。随着测试工作经验的不断积累，测试人员发现缺陷的能力也会不断提升，从而也会提升测试人员的测试能力。

测试人员在提升测试能力的过程中，也要关注提升自身的洞察能力、逻辑能力。

8.10 本章习题

一、单选题

1. 缺陷的识别是指（　　　）。

    A. 分析重现缺陷的步骤

    B. 测试工作中，从发现问题到确认该问题是缺陷的过程

    C. 定位缺陷的严重程度等级

    D. 让研发人员判断是否为缺陷

2. 下列属于缺陷报告内容的是（　　　）。

    A. 重现缺陷的步骤　　　　　　　B. 发现缺陷的版本

    C. 缺陷的标题　　　　　　　　　D. 实际结果与期望结果

3. 严重程度为致命的缺陷，不包括（　　　）。

    A. 主要功能的失效　　　　　　　B. 用户数据受到破坏

    C. 系统异常退出　　　　　　　　D. 系统提示语言不明确

4. 缺陷报告的作用不包括（　　　）。

    A. 记录缺陷　　　B. 缺陷分类与跟踪　　　C. 分析统计　　　　　D. 指导测试工作

5. 缺陷报告待确认的状态表示（　　　）。

    A. 缺陷已经被研发人员处理　　　B. 缺陷已经被测试人员关闭

    C. 等待审核人员确认　　　　　　D. 以后的版本处理

6. 缺陷无法重现时，应该如何处理？（　　　）

    A. 放弃重现，抓紧找其他的 Bug

    B. 核实是否是因为版本信息、数据使用、运行环境等不能重现

    C. 不重现，提交 Bug 报告

    D. 无效的 Bug 就不报告

7. 下列关于缺陷严重程度描述正确的是（　　　）。

    A. 致命的缺陷必须修复

    B. 被测系统的核心功能与非核心功能失效，严重程度会有差异

    C. 建议的缺陷，不需要修复

    D. 缺陷的严重程度主要是客户说了算

8. 缺陷报告的状态直接不存在的转换是（　　　）。

    A. 待确认状态到被确认状态　　　B. 已修复的状态到关闭状态

C. 已关闭状态到再次激活状态　　　　　　D. 重复的状态到待确认状态

9. 关于编写缺陷报告的原则，描述错误的是（　　　　）。

　　A. 细小的缺陷就不要报告了，免得耽误上线的进度

　　B. 在一个缺陷报告中，只提交一个缺陷，方便缺陷的跟踪与统计

　　C. 在报告中不进行任何评价，只是客观描述

　　D. 对缺陷的严重性、优先级要客观、准确地填写，不能为了引起注意，随意夸大

10. 影响缺陷报告优先级的因素不包括（　　　　）。

　　A. 缺陷的严重程度　　　　　　　　　　B. 缺陷的重现率

　　C. 缺陷有没有被客户发现　　　　　　　D. 缺陷的修复成本

二、多选题

1. 下列属于缺陷报告内容的是（　　　　）。

　　A. 重现缺陷的步骤　　　　　　　　　　B. 发现缺陷的版本

　　C. 缺陷的标题　　　　　　　　　　　　D. 实际结果与期望结果

2. 缺陷报告中关于严重程度描述正确的是（　　　　）。

　　A. 严重程度指的是缺陷发生对软件的影响程度

　　B. 严重程度高的缺陷，优先级不一定很高

　　C. 决定优先级的因素，除了严重程度外还有其他的因素

　　D. 严重程度低的缺陷，可以不进行缺陷报告

3. 下列可以作为缺陷报告管理工具的是（　　　　）。

　　A. 禅道系统　　　　　B.PyCharm　　　　　　C.Bugfree　　　　　　D.Excel

4. 禅道系统可以实现以下哪些管理工作？（　　　　）

　　A. 产品管理　　　　B. 项目管理　　　　　C. 版本管理　　　　　D. 测试管理

三、判断题

1. B/S 架构的软件，属于单机版的软件。（　　　　）

2. 黑盒测试需要关注软件的源代码，对代码的标准与逻辑展开测试。（　　　　）

3. 软件缺陷报告中，测试人员要据理力争，把自己的态度阐述清楚。（　　　　）

4. 对于已经被关闭的缺陷报告，如果再次发现，需要将缺陷报告再次提交给研发人员。（　　　　）

5. 软件设计阶段分为概要设计与详细设计。（　　　　）

6. 通常来讲，严重程度越高的缺陷，优先级一般也比较高，但非绝对。（　　　　）

7. 缺陷报告的标题用来概述软件缺陷，所以并不重要，随便写一下就可以。（　　　　）

四、简答题

1. 简述软件缺陷报告的处理流程。

2. 软件缺陷报告由哪些部分组成？

第 9 章

如何高效测试

内容导学

如今，软件运营商逐渐意识到软件质量的重要性。作为保证软件质量的重要手段之一，软件测试受到越来越多的重视。如何在测试成本与测试的覆盖力度之间找到平衡点是测试项目的管理者在软件测试工作中面临的一个巨大挑战，因此，不断提高测试工作的质量、实现更高效的测试迫在眉睫。

本章带领读者了解不同被测软件的特征，学习如何制订高效的测试流程，以及如何实现高效的测试。

学习目标

从宏观上理解软件测试对软件产品的重要性，从微观上掌握如何进行高效的测试用例设计、用什么方法能够提高检测软件 Bug 的效率；通过选取测试原则和计算测试覆盖率等手段进行软件测试效率的评价。

▶▶ 9.1 软件测试用例

9.1.1 ▶▶ 测试用例的作用

测试用例将测试工作进行了量化，对软件测试的行为活动进行了科学化的组织归纳，明确了测试的过程、测试的步骤与测试期望结果，使测试工作在软件发布前有条不紊地进行。测试用例的作用如图 9-1 所示。

01 防止遗漏 使软件测试的实施重点突出、目的明确，确保需求功能不被遗漏

02 版本重复测试 快速、正确地进行版本重复测试

03 监督过程 可以准确、有效地评估测试的工作量

图9-1　测试用例的作用

图9-1 测试用例的作用（续）

9.1.2 ▶▶ 测试用例的定义与组成

1. 测试用例的定义

IEEE STD729-1983 对测试用例（Test Case）的定义如下。

（1）为具体的目标（例如，为练习具体的程序路径或验证对特定需求的遵循性）开发的一组测试输入、执行条件和预料的结果。

（2）对于测试项，规定输入、预料的结果和一组执行条件的文档。

测试用例是软件测试工程师执行测试的文档性依据，主要记录了测试的过程、步骤、输入的数据、预期结果等内容，它是在执行测试之前由测试人员编写的指导测试的重要文档，解决要测什么、怎么测和如何衡量的问题。

2. 测试用例的组成

软件测试用例使用 Excel 文件进行编写，如图 9-2 所示，也可以在测试管理工具，如禅道、Jira、Testlink 等工具中填写。

编号	所属模块	用例标题	前置条件	步骤	预期	测试结果	优先级	用例类型	用例状态	备注
1	/培养方案/指导培养方案/培养方案维护控制	验证是否正确进入【培养方案维护控制】模块	1.打开浏览器，进入×××学院教务管理系统 2.账号：test 密码：Test_0826 3.单击"登录"按钮，进入教务管理系统	1.进入教务管理系统，单击【培养方案】 2.进入【培养方案】页面，单击【指导培养方案】下拉列表 3.选择【培养方案维护控制】	成功进入【培养方案维护控制】页面		高级	功能测试	待审核	
2	/培养方案/指导培养方案/培养方案维护控制	验证【培养方案维护控制】页面是否可以修改数据	1.打开浏览器，进入×××学院教务管理系统 2.账号：test 密码：Test_0826 3.单击"登录"按钮，进入教务管理系统	1.进入教务管理系统，单击【培养方案】 2.进入【培养方案】页面，单击【指导培养方案】下拉列表 3.选择【培养方案维护控制】 4.单击【修改】进行操作	进入【培养方案维护控制】页面可以进行相应操作		高级	功能测试	待审核	
3	/培养方案/指导培养方案/培养方案维护控制	验证能否从【培养方案维护控制】页面退出系统	1.打开浏览器，进入×××学院教务管理系统 2.账号：test 密码：Test_0826 3.单击"登录"按钮，进入教务管理系统	1.进入教务管理系统，单击【培养方案】 2.进入【培养方案】页面，单击【指导培养方案】下拉列表 3.选择【培养方案维护控制】 4.单击【退出】	选择确认退出，返回【登录】界面		高级	功能测试	待审核	

图9-2 Excel版本的测试用例案例

在测试用例中，主要组成内容如下。

（1）编号：唯一标识一条测试用例。

（2）所属模块：标明测试用例属于被测软件的哪个功能模块。

（3）用例标题：用一句话概括该测试用例的测试点。

（4）前置条件：执行该测试用例之前，需要预先准备的条件。

（5）步骤：执行测试的步骤，如果需要，步骤中包含操作过程中需要使用的测试数据。

（6）预期结果：执行步骤后，期望被测系统显示的内容或实现的功能。

（7）测试结果：执行步骤后，系统实际结果是否与预期一致，如果一致，测试结果为"通过"（Passed），如果不一致，测试结果为"失败"（Failed）。如果由于功能未实现、缺陷影响等原因不能执行测试用例，则测试结果为"阻塞"（Blocked）。

（8）优先级：执行测试用例的优先级，取决于该测试用例所属的模块在软件中的优先级及出现错误的可能性。

（9）用例状态：包括待审核、已审核、已运行、未运行等。

我们可以看到，测试用例中记录了测试工程师的测试思路与测试方法、对被测系统执行测试的具体测试内容与检查点，为执行测试工作的开展做好了前期的准备工作。

>> 9.2 不同类型软件测试

软件测试是伴随软件开发过程而产生的。1946 年，在第一台电子管计算机诞生后，软件测试的雏形开始出现，程序员不停地调试代码，不停地找出问题并进行修复。到了 20世纪 50 年代，英国计算机之父、著名数理逻辑专家艾伦·图灵（如图 9-3 所示）提出了"图灵测试"概念（如图 9-4 所示）。图灵测试是指在测试者与被测试者（一个人和一台机器）隔开的情况下，通过一些装置（如键盘）向被测试者随意提问。进行多次测试后，如果机器让平均每个参与者做出超过 30% 的误判，则该机器被认为具有人类智能。

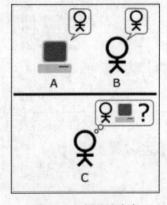

图9-3　艾伦·图灵　　　　　　图9-4　图灵测试

软件测试从单机版软件开始，随着因特网的出现逐渐发展到客户 – 服务器（Client/

Server）软件形式和浏览器－服务器（Browser/Server）软件形式。2012 年，随着智能移动设备的出现，各种 App（应用程序）软件和基于 HTML5.0（H5）的各种小程序软件的数量呈爆发式增长，软件测试的种类在不断地丰富，软件测试的工作流程、测试方法及测试工具也随之不断地丰富。

9.2.1 ▶▶ Web 系统软件的特征与测试内容

1. Web 系统的特征

（1）Web 系统的组成

一个大型的 Web 系统部署，需要针对大流量、高并发网站建立底层系统架构，满足稳定、安全、可扩展、可迁移、易维护等要求。Web 系统的组成如图 9-5 所示。

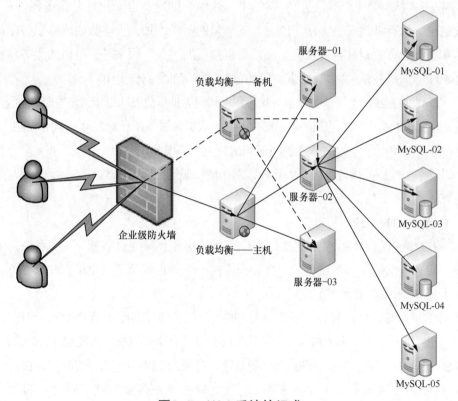

图9-5　Web系统的组成

① Web 前端系统基于 Apache/Lighttpd/Nginx 等服务器的虚拟主机平台提供了 Java 程序的运行环境。服务器对于开发人员而言是透明的。

② 负载均衡系统分为硬件负载均衡系统和软件负载均衡系统两种，硬件负载均衡系统效率高、价格高，如 F5 等。软件负载均衡系统价格较低，也有些是免费的，但与硬件负载均衡系统相比效率较低，对于流量一般或流量稍大的网站而言足够使用，如 LVS、Nginx。大多数的网站都并用硬件、软件负载均衡系统。

③ 数据库集群系统，使用多台数据库系统作为主数据库系统与备数据库系统，保证数据的读写安全与负载均衡，常见的数据库系统是 MySQL 和 Oracle 系统。

④ 缓存系统可以提高访问效率，提高服务器的处理能力，改善用户体验，缓解对数据库及存储服务器的访问压力，包括文件缓存、内存缓存与数据库缓存。

⑤ 分布式存储系统的性能是否能经得住考验，对于大型网站应用而言是非常关键的。现在的大型 Web 系统平台存储量很大，如相册、视频等应用占用了许多存储资源，存储量经常会达到单台服务器无法提供的规模，这时就会用到分布式存储系统进行负载均衡，负载均衡集群中的每个节点都有可能访问任何一个数据对象，每个节点对数据的处理也能被其他节点共享。因此，从逻辑上看，这些节点要操作的数据是一个整体，而不是各自独立的数据资源。

⑥ 分布式服务器管理系统，能够集中、分组、批量、自动化地对服务器进行管理，能够批量化地执行计划任务。由于网站访问流量的不断增加，大多数的网络服务器都是以负载均衡集群的方式对外提供服务，随着集群规模的扩大，原来基于单机的服务器管理模式已经不能够满足我们的需求，因而分布式服务器管理系统被提出。

⑦ 代码发布系统。为了满足集群环境下程序代码的批量分发和更新，还需要一个程序代码发布系统。系统的生产环境的服务器以虚拟主机方式提供服务，开发人员无须介入维护，可以直接进行操作；实现了在内部开发、内部测试、生产环境测试、生产环境发布 4 个开发阶段进行代码发布；进行源代码与版本的管理，例如使用配置管理工具 SVN 进行源代码与版本等的配置管理。

（2）新式 Web 系统的特征

① 高度集成化。Web 系统往往由多个子系统组成，终端设备除了 PC 系统，还有移动终端、平板电脑等，多系统集成首先要面临的一个问题就是要实现单点登录，单点登录的测试也是 Web 系统的测试重点。

② 业务流程多，关联复杂。现在，人们的生活与工作都高度依赖于软件，而在工作中，完成工作任务通常是需要多人参与、团队协作的，并且有明确复杂的阶段划分，如银行业务、政府办公业务、院校业务等。这些业务的复杂性，对测试工程师而言，更是一种挑战。

③ 权限管理复杂。由于业务流程的需要，Web 系统需要管理不同身份的用户，完成不同阶段的操作处理，常用的权限管理模式有自主访问控制（DAC）、强制访问控制（MAC）、基于角色的访问控制（RBAC）、基于属性的权限验证（ABAC）等。如果是集团公司，需要采用账套管理。测试需要考虑不同的用户角色、不同的权限。

④ 流量大，稳定性要求高。一些大型 Web 系统的软件需要为成千上万甚至上亿的用户服务，对服务器系统的性能要求极高。因此，流量大的 Web 系统如何处理并发请求是研发人员需要攻克的一大难题，一般都需要对压力负载的性能进行测试。

⑤ 安全级别要求高。例如，大流量的系统包含大量用户的个人信息，包括一些隐私

信息，如个人照片、身份证信息、联系方式、地址等，这些用户信息不能泄露，这对 Web 系统是有明确要求的。

⑥ 表单复杂。经常出现动态增加填写项、级联选择、弹出式选择、及时提示等功能，表单验证要求多。这对实现自动化测试是一个严峻的挑战，对测试工程师的测试工具使用能力、代码编写能力要求较高。

⑦ 用户的界面操作密度大。系统需要非常快速地响应用户界面，使用户获得良好的体验，进行 UI 测试。

⑧ 对浏览器的兼容。B/S 架构的 Web 系统要求兼容目标浏览器。如果是办公软件，针对的是使用相同环境的用户，对浏览器的兼容难度要求相对不高，只需要兼容指定的目标浏览器即可。但如果是不确定的受众，用户环境差异较大，那么浏览器的兼容是研发人员需要考虑的一个重点，也是一个难点。对测试工作而言，需要开展浏览器兼容性测试，例如可以使用 Selenium 测试工具进行浏览器的兼容性测试。

2. Web 系统软件的测试内容

基于 Web 系统的测试、确认和验收是一项重要而富有挑战性的工作。基于 Web 系统的测试与传统的软件测试不同，它不但需要检查和验证系统是否按照设计的要求运行，而且要测试系统在不同用户的浏览器端的显示是否合适，重要的是，还要从最终用户的角度进行安全性和可用性测试。然而，Internet 和 Web 媒体的不可预见性使基于 Web 的系统测试变得困难。因此，我们必须为测试和评估复杂的、基于 Web 的系统研究新的方法和技术。

（1）链接测试

链接是 Web 应用系统的一个主要特征，它是在页面之间切换和指导用户进入其他页面的主要手段。链接测试可分为 3 个方面。首先，测试所有链接是否按指示链接到了该链接的页面；其次，测试所链接的页面是否存在；最后，保证 Web 应用系统上没有孤立的页面，孤立页面是指没有链接指向该页面，只有知道正确的 URL 地址才可以访问的页面。

链接测试可以自动进行，现在已经有许多测试工具可用。链接测试必须在集成测试阶段完成，即在整个 Web 应用系统的所有页面开发完成之后才可以进行链接测试。

采取措施：采用自动检测网站链接的软件来进行。

推荐软件如下。

① Xenu Link Sleuth，免费，绿色免安装软件。

② HTML Link Validator，共享（30 天试用）软件。

（2）表单测试

当用户通过表单提交信息的时候，都希望表单能正常工作。

如果使用表单来进行在线注册，要确保提交按钮能正常工作，在注册完成后应返回注册成功消息所在界面。如果使用表单收集配送信息，应确保程序能够正确处理这些数据，最后能让顾客收到包裹。要测试这些程序，需要验证服务器能否正确保存这些数据、后台运行的程序能否正确解释和使用这些信息。

当用户使用表单进行用户注册、登录、信息提交等操作时，我们必须测试提交操作的完整性，以校验提交给服务器的信息是否正确。例如，用户填写的出生日期与职业是否恰当、所属省份与所在城市是否匹配等。如果使用了默认值，还要检验默认值的正确性。如果表单只能接受指定的某些值，则也要进行测试。例如，如果系统只能接受某些字符，则测试时可以跳过这些字符，留意系统是否会报错；如果系统只接受限定以内的数字，则测试时可以测试内外边界值，留意系统是否能正确反应。

表单测试还有重要的一点，即测试 HTML 语言的特殊标记（如 <>、<td>、'等），在表单中输入这些字符进行各种操作后留意系统是否会报错。

表单中的数据会经过两次校验。一是脚本校验，在输入时脚本会自动进行初步的判断，判断数据是否合法；二是程序提交时也会对数据的准确性进行校验。测试时注意测试这两次数据校验标准是否一致。

（3）数据校验

如果系统根据业务规则需要对用户输入进行校验，那么我们需要保证这些校验功能正常。例如，省份的字段可以用一个有效列表进行校验。在这种情况下，需要验证列表是否完整而且程序是否正确调用了该列表（如在列表中添加一个测试值，确定系统能够接受这个测试值）。

在测试表单时，该项测试和表单测试可能会有一些重复。

（4）Cookies 测试

Cookies 通常用来存储用户信息和用户在某应用系统中进行的操作。当一个用户使用 Cookies 访问了某一个应用系统时，Web 服务器将发送用户的信息，把该信息以 Cookies 的形式存储在客户端计算机上，Cookies 可用来创建动态、自定义页面和存储登录等信息。

如果 Web 应用系统使用了 Cookies，就必须检查 Cookies 是否能正常工作。测试的内容可包括 Cookies 是否起作用，是否按预定的时间进行保存，刷新对 Cookies 有什么影响等。如果在 Cookies 中保存了注册信息，请确认该 Cookies 能够正常工作而且已对这些信息加密。如果使用 Cookies 来统计次数，需要验证次数累计是否正确。

采取措施如下。

① 采用黑盒测试：用上面提到的方法进行测试。

② 采用查看 Cookies 的软件进行测试（初步的想法）。

可以选择采用的软件如下。

① IECookiesView v1.50。

② Cookies Manager v1.1。

（5）数据库测试

在 Web 应用技术中，数据库起着重要的作用，数据库为 Web 应用系统的管理、运行、查询和实现用户对数据存储的请求等提供空间。在 Web 应用中，最常用的数据库类型是关系型数据库，可以使用 SQL 对信息进行处理。

在使用了数据库的 Web 应用系统中，一般情况下可能发生两种错误，即数据一致性错误和输出错误。数据一致性错误主要是由于用户提交的表单信息不正确造成的，而输出错误主要是由于网络速度或程序设计等问题引起的，针对这两种情况，可分别进行测试。

（6）设计语言测试

Web 设计语言版本的差异可以引起客户端或服务器端产生严重的问题，除了 HTML 的版本问题外，不同的脚本语言，如 Java、JavaScript、ActiveX、VBScript 或 Perl 等也需要进行验证。

9.2.2 ▶▶ App 软件的测试流程与特征

随着移动互联网的迅猛发展，人们对手机的依赖程度日益上升，我们正享受着互联网带来的便捷生活，可以更加高效地处理各种问题，离开手机几乎是寸步难行，甚至在很多企事业单位、院校，手机也成了工作与学习的必需品。庞大的手机用户量，使得很多 IT 公司涉足移动 App 的领域，App 软件的测试需求也越来越大。

App 软件测试遵从常规的软件测试理论与测试原则，是运行在移动终端的软件，因为硬件设备与应用领域的特性，App 软件测试有专属的测试侧重点与特征。

1. App 软件常见功能点的测试

（1）App 软件安装与卸载的测试点

测试 App 软件是否成功安装，安装完毕是否可以启动运行，是否可以卸载。

（2）App 软件版本更新测试点

当 App 软件出现新版本时，测试是否会有更新提示。

当版本为非强制升级版时，测试用户是否可以取消更新、旧版本是否能正常使用，用户在下次启动 App 时，系统是否仍能出现更新提示。

当版本为强制升级版（不升级无法使用 App）时，测试给出强制升级提示后用户未进行更新时，是否不能继续操作 App 软件，退出客户端，在下次启动 App 时，测试系统是否仍出现强制升级提示。

当 App 有新版本时，在本机不删除 App 的情况下，测试直接更新检查是否能正常更新。

测试新版本是否可以离线安装覆盖当前版本。

测试升级后，系统是否正确保存了用户的数据。

（3）App 软件推送功能的测试点

当用户设置不允许被测 App 推送通知时，测试系统是否不会收到推送通知。

当用户设置允许被测 App 推送通知时，测试系统是否会收到推送通知。

测试推送通知的信息条数是否可以在 Icon 图标上显示，如图 9-6 所示。

如果推送通知的信息是文本内容，测试点开是否可以正确显示。

如果推送通知的信息是链接，测试点开是否可以跳转到推送的相关界面中。

App 软件被卸载后，测试推送通知是否不再推送。

（4）App 软件注册登录的测试点

测试注册功能是否正确，用户是否能够收到验证码。

测试使用已注册账号是否可以成功登录。

使用免注册登录的方式，测试通过手机号验证是否可以成功登录。

如果支持第三方软件，如微信、QQ、新浪微博、支付宝、淘宝等账号登录的方式，检查是否可以成功登录，如图 9-7 所示。

图9-6　App软件收到信息通知

图9-7　优酷软件登录界面——支持
第三方软件登录方式

如果使用第三方软件授权登录方式，授权过程中选择拒绝，检查是否可以将登录操作取消。

如果使用第三方软件授权登录方式，第三方软件没有在测试手机后台启动，检查系统是否会启动第三方软件进行登录。

如果使用第三方软件授权登录方式，第三方软件没有在测试手机安装，检查系统是否会提示安装第三方软件。

（5）App 软件分享功能的测试点

测试支持的分享方式是否完整显示。

如果分享链接给微信好友，测试是否可以启动微信进入联系人界面，成功分享。

如果分享链接到微信朋友圈，测试是否可以启动微信进入朋友圈界面，成功分享。

如果分享的链接是需要复制的内容，测试分享的链接是否可以复制并成功分享。

如果分享的内容是视频，则需要先将视频下载到本地，测试视频是否可以被成功下载，下载后是否可以成功分享发送。

（6）App 软件支付功能的测试点

测试支付方式的显示是否完整、正确。

测试支付金额显示是否与订单金额一致。

测试支付优惠券或者选择扣款验证功能能否正常使用。

测试未提交的支付订单是否能取消。

测试单击支付响应后，在单个交易周期里是否只响应一次。

测试账户在余额不足的情况下支付失败后是否会给出提示，但不扣款。

测试在余额不足或网络中断导致订单支付失败的情况下，是否可以重新进入支付流程。

测试用户在支付订单的时候是否会再次提示用户金额以及收款方信息。

测试如果用户发现数据不正确是否可以返回重新进行支付。

测试用户确认付款后，系统是否能跳转到响应的支付页面。

测试余额足够的情况下支付成功，系统能否给出提示和跳转，提示扣款成功。

测试在支付流程中是否可以取消支付。

测试支付成功后订单状态是否转为已支付的状态。

测试支付失败后订单状态是否转为待支付的状态。

2. App 软件的测试流程

App 软件的测试流程与 PC 端软件大致相同，具体测试流程如图 9-8 所示。

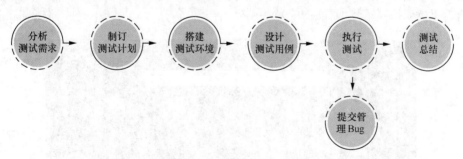

图9-8　App软件测试流程

（1）分析测试需求阶段，一般是测试管理人员参与这个阶段，可以从以下几个方面入手。

① App 的行业背景。确认被测 App 软件属于什么行业领域，例如，微信、抖音属于社交软件，淘宝、京东商城属于购物软件，腾讯会议、企业微信属于办公软件，王者荣耀属于游戏类软件。通过对行业领域的了解，知道被测 App 软件的市场定位，继而根据市场定位来确定测试重点。

② 目标受众。确认被测 App 软件的目标用户人群，测试的设计可以重复模拟该类人群操作 App 软件的场景与行为，以更高效地完成测试工作，例如，老年人一般希望按键大一点，文字字号大一点，操作便捷一些；工作人员希望能高效操作；年轻人喜欢酷炫的显示与操作、喜欢黑科技的元素等。

③ 被测的功能模块。分析、整理 App 软件产品的功能模块，有的软件说明书中会包含软件功能特征表，可以据此确认需要测试的功能模块与优先级的划分。

④ 兼容的平台。确认被测 App 软件属于 iOS，还是 Android 系统。

⑤ 测试的范围。确认测试只包含功能测试，还是包括了 UI 测试、接口测试以及稳定性、压力负载等性能测试，从而确定所需的测试技术与测试人员。

⑥ 软件技术结构等。该 App 软件研发技术结构使用什么语言研发，使用了哪些前端技术、数据库系统和 Web 系统等。

⑦ 测试的时间周期。结合项目留给测试工作的时间与测试工作内容和测试团队的能力，评估出测试时间。

分析测试需求结束后，会输出测试需求文档。

（2）制订测试计划阶段，一般是由测试管理人员来完成测试计划的制订，测试计划通常包括测试的目的、测试的范围、测试工作任务、测试的进入与退出条件、测试通过的条件、测试的开始与结束时间、测试所需资源（包括手机设备、测试工具等）、测试参与人员、测试的策略与方法、风险与应急方案、测试提交的文件等。

（3）搭建测试环境阶段，根据测试计划中测试范围、测试工具等要求，搭建测试环境，包括测试管理工具、测试工具、被测 App 软件运行环境等，有的 App 测试通过手机设备展开，而有时开展测试需要借助手机模拟器，在 PC 端模拟手机 App 软件的操作，如夜神模拟器等手机模拟器工具，如图 9-9 所示。

图9-9　夜神模拟器

（4）设计测试用例阶段，使用软件测试用例的设计方法，为 App 软件设计编写测试用例，此时需要关注 App 软件的测试特征。

（5）执行测试阶段，安装好被测软件，在指定的手机设备中执行软件测试。发现缺陷，提交缺陷报告，进行缺陷报告的跟踪与管理。

（6）测试总结阶段，总结评估 App 软件的质量与测试工作，得出结论，表明 App 软件的测试是否通过。

3. App 软件的特征

（1）App 软件界面小。因为手机屏幕小，手机屏幕仅方寸大小，空间极其有限，为了让用户获得更好的体验，App 软件的界面更注重标准、突出主次和加强细节。微信软件的 PC 版本与 App 版本的会话界面如图 9-10 所示。

PC 端微信会话界面　　　　App 微信会话界面

图9-10　微信软件的PC版与App版会话界面

（2）App 软件输入方式多样。目前 PC 端软件接受的输入方式主要是键入、鼠标操作等。而手机 App 软件输入方式十分多样，除了触屏按键、物理按键，还支持声控输入、指纹输入、刷脸等。

（3）平台系统与手机设备的碎片化。现在主流的手机系统是 iOS 与 Android 系统，只有苹果公司在运营 iOS 的版本，版本可控。而 Android 平台的诞生，为手机智能化的普及立下汗马功劳，但缺点也越来越突显，即碎片化严重，如设备繁多、品牌众多、版本各异、分辨率不统一等，这些都逐渐成为 Android 系统发展的障碍。碎片化严重不仅造成 Android 系统混乱，还导致 Android 应用的隐形开发成本增加，如图 9-11 所示。

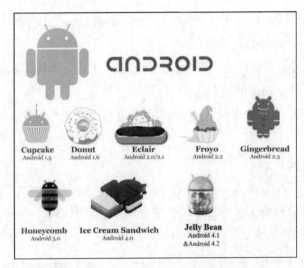

图9-11 Android系统各代版本标识

（4）品牌设备的碎片化。越来越多的企业看好移动互联网发展的前景，跻身于手机行业，手机品牌越来越多样化、碎片化。

（5）使用区域的多元化。通过 PC 端上网，场所较为固定，而手机几乎可在任何场所使用。

（6）弱网环境。App 软件使用区域的多元化使网络环境成为影响用户体验的重要因素，所以要模拟在地铁、高铁上等弱网情况下，App 软件的运行情况。

（7）与手机自带的软件功能，包括接打电话、发送短信等交互使用。

（8）手机自带物理按键的测试。手机上有自带的物理按键，如主菜单按钮、音量按键、拍照按键、开机键等，对被测 App 是否支持物理按键进行测试。

（9）测试工具的选取，App 软件也可以进行自动化测试，现在比较流行的手机 App 自动化测试工具包括 Appium、Monkey 等。

9.2.3 ▶▶ H5 软件、小程序的特征与测试内容

小程序与 H5 软件不需要安装，使用起来非常便捷。

1. H5 软件的特征与测试点

（1）H5 软件的特征

轻量级的研发成本与流量引入，使 H5 软件非常受企业青睐。H5 软件可以跨平台，开发成本相对较低；可以快速迭代，可随时上线、更新版本；可以轻量地触达用户，提供更快捷的服务；在微信入口或者浏览器上，用户只需点开链接就可以获取它所提供的服务。但 H5 也有自身的不足，例如过度依赖于浏览器；目前还无法将数据存储在本地，依赖实时性数据，网络状态不好的时候无法流畅地使用；性能相对较低，影响用户体验。

（2）H5 软件的测试点

① H5 软件提供的二维码或网址的测试。用户可以通过扫描二维码进入 H5 软件的页

面，也可以通过复制网址到浏览器来打开 H5 软件的页面，还可以在微信等第三方软件中单击网址，并跳转到 H5 软件的页面。

② H5 网页返回功能的测试。

通过 H5 网页的返回功能（非手机的返回功能）可以返回到正确的页面（上一级／退出 H5），不会出现无法返回的情况。

页面中的返回功能要考虑业务逻辑，返回到相应层次，也需要从用户角度考虑返回的场景，不能出现死循环。

测试返回后是否刷新页面。

③ 横屏竖屏相互切换的测试。是否有只支持横屏或竖屏的限制，如果没有限制，测试能否自适应，并且布局不混乱。

④ 侧边栏测试，是否能够显示侧边栏内容，侧边栏按钮是否可以操作并正确显示，如图 9-12 所示。

图9-12　H5软件侧边栏显示界面

⑤ 弹窗的测试。弹出的位置是否合理，是否在手机屏幕中央。弹出层的单击是否会穿透，影响到弹出层下面的页面。

⑥ 滑块验证码的测试。如果是滑块验证码测试，测试滑块是否可以滑动。

⑦ 浮层页面的测试。对于一些浮层页面，如地图、产品分类等浮层，测试拖动后是否可以看到它下面的页面，拖动后边缘是否有留白。

⑧ 图片兼容测试。测试 App 根据不同屏幕和分辨率进行图片适配的情况，以及适配后的图片清晰度。

2. 小程序软件的测试点

微信小程序是小程序的一种，也是我们常用到的小程序，它是一种不需要下载、安装即可使用的应用，用户扫一扫或者搜索一下即可打开应用，实现了应用"触手可及"的梦想。它也体现了"用完即走"的理念，用户不用关心是否安装太多应用程序的问题。

主体类型为企业、政府、媒体、其他组织或个人的开发者，均可申请注册小程序。微信小程序、微信订阅号、微信服务号、微信企业号是并行的体系。

对于开发者而言，微信小程序开发门槛相对较低，开发难度不及 App，能够满足简单的基础应用，适合生活服务类线下商铺以及非刚需低频应用的需要。微信小程序能够实现消息通知、线下扫码、公众号关联等功能。其中，通过公众号关联，用户可以实现公众号与微信小程序之间相互跳转。

针对小程序的这些特征，一般会从以下几个方面展开测试。

（1）小程序包的测试：小程序包是否超过规定大小（3 MByte）。

（2）进入小程序的测试：是否可以扫码进入，是否可以在微信中搜索到，并进入小程序。

（3）分享小程序的测试：是否可以将小程序单独分享给好友，分享在朋友圈，添加到桌面，如图 9-13 所示，分享后小程序是否能被打开。

（4）小程序的升级测试：一般为强制升级和更新，是否能够完成升级，升级后是否能够打开并运行。

（5）页面的跳转测试：层级跳转不能超过 10次，查看小程序的页面跳转设计是否合理。

（6）与微信的交互测试：在微信页面下拉能够看到小程序，在小程序中需要进行支付操作时，可以调用微信钱包与微信卡包，在使用微信抢红包、文字聊天、语音聊天、视频通话过程中，测试能否使用小程序，小程序是否可以被打开并运行。

（7）与手机硬件交互测试：测试在低电量、来电话、数据线插拔、充电、重启等情况下小程序的运行情况。

（8）权限测试：测试未授权微信账号登录小程序，一般在使用一些业务功能的时候，都会弹

图9-13　小程序滴滴出行分享页面

出授权确认页面，提交数据到后台，会提示补充相关身份信息才能提交成功；测试已授权微信账号登录小程序，意味着自己的微信账号可被小程序管理方所获取，自动以微信的身份行使业务操作权限，比如咨询、支付、数据查询等；测试同一微信号在不同手机端登录、授权查看数据权限，所能查看的数据和操作的权限是否同步一致。

>> 9.3　制订高效的功能测试工作流程

9.3.1 ▶▶▶ 常规的测试工作流程

软件测试流程如图 9-14 所示。

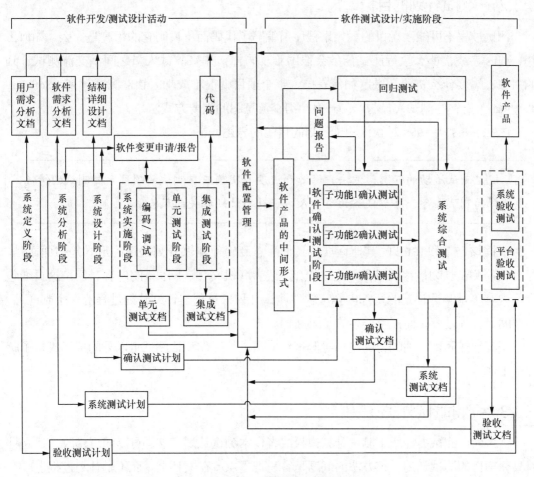

图9-14　软件测试流程

（1）制订测试计划。

（2）编辑测试用例。

（3）执行测试用例。

（4）发现并提交 Bug。

（5）开发组修正 Bug。

（6）对已修正的 Bug 进行返测。

（7）修正完成的 Bug 将状态置为已关闭，未正确修正的 Bug 重新激活。

利用精心组织的测试计划、测试用例和测试报告，对测试工作进行正确的记录及交流，将更容易实现目标。测试新手一般不会被安排为项目建立全面的测试计划——这些工作通常由测试负责人或者经理来做，而测试工程师一般会协助建立测试计划，因此，需要了解测试计划工作包括哪些内容、测试计划需要哪些信息。通过这种方式，测试员利用掌握的信息组织自己的测试任务。

9.3.2 ▶▶ 测试计划的目标

测试过程不可能漫无目的。如果程序员编写了代码而不说明它的用途是什么、如何工作、何时完成，那么执行测试任务会很困难。同样，如果测试人员之间不交流测试计划的对象、需要什么资源、进度如何安排，整个项目就很难成功。软件测试计划（Software Test Plan）是软件测试人员与产品开发小组交流意图的主要方式。

IEEE Std.829–1998 对软件测试计划的目的的表述如下。

> 规定测试活动的范围、方法、资源和进度；明确正在测试的项目、要测试的特性、要执行的测试任务、每个任务的负责人，以及与计划相关的风险。

根据该定义和 IEEE 的其他标准，我们注意到软件测试计划采用的形式是书面文档。尽管软件测试计划最终的结果只是一页纸（或者联机文档、网页）的内容，但是这页纸包含的内容不是测试计划的全部内容。软件测试计划只是创建详细计划过程的一个副产品，重要的是计划过程，而不是产生的结果文档。

撰写软件测试计划的目的是指导测试组成员进行工作和让测试组以外的项目成员了解测试工作。

9.3.3 ▶▶ 测试计划主题

许多软件测试书介绍了测试计划模板或者样本测试计划，这样可以随意修改、建立针对具体项目的测试计划。该方法的问题是容易把重点放在文档上，而不是计划过程上。有些大型软件项目的测试负责人和经理会使用测试模板的副本或者原有的测试计划，花上几小时复制、剪切、查找和替换，从而得到当前项目的"独特"测试计划。他们认为自己仅用几小时就建立了其他测试人员要花几周或者几个月才能建立的测试计划，然而，他们并没有抓住重点，当产品小组中没有人知道测试人员在做什么，或者为什么那么做的时候，测试项目的弊端就显露出来了。

因此，要参考一系列重要主题的清单，该清单应该在整个项目小组，包括所有测试人员中被全面讨论，测试人员应相互沟通其中的问题并达成一致意见。该清单也许不能完全适用所有项目，但是因为它列出了常见的与重要测试相关的问题，所以比测试计划模板更实用。从本质上讲，计划是一个动态过程，因此，如果发现列出的问题不适应具体情况，可以自行调整。

当然，测试计划过程的结果是某一种文档。如果行业或者公司有自己的标准，则可以预先定义格式。除此之外，格式可由项目小组来决定。

测试计划主题包括以下几个方面。

1. 高级期望

测试过程中的第一个论题是定义测试小组的高级期望。虽然高级期望是项目小组全部成员必须一致同意的基本论题，但是它们常常被忽视。

（1）测试计划过程和软件测试计划的目的是什么？

（2）测试的是什么产品？为了使测试工作成功，测试小组每个人必须完全了解产品是什么，以及其数量和适用范围。

（3）产品的质量和可靠性目标是什么？测试计划的结果必须是清晰的、简洁的。

由于测试小组将会测试产品的质量和可靠性，因此，他们要知道软件运行的目标是什么，以了解软件能否实现目标。

2. 人、地点和事

测试计划需要明确项目成员，以及他们的具体分工和联系方式。在小项目中这似乎没有必要，但是即使是小项目，小组成员也可能分散在各地或因其他因素导致沟通困难。因此，测试计划应该包括项目中所有主要人员的姓名、职务、地址、电话号码、电子邮件地址和职责范围。

同样，测试人员还需要明确文档存放在哪里（测试计划放在哪个文件夹或服务器上），软件可以从哪里下载，测试工具在哪里等，还要考虑邮件地址、服务器和网站地址。

如果在执行测试时需要使用硬件，那么需要了解它们的位置、获取方式。如果有进行配置测试的外部测试实验室，那么也需要了解它们的位置等信息。

3. 定义

让项目小组的全部成员在高级质量和可靠性目标上达成一致是一件困难的事情。这只是软件项目中需要定义的用词和术语的开始。

例如软件缺陷的定义：

• 软件未实现产品说明书要求的功能。

• 软件出现了产品说明书指明不应该出现的错误。

• 软件实现了产品说明书未提到的功能。

● 软件未实现产品说明书虽未明确提及但应该实现的功能。

能确认小组全部成员知道、理解——更重要的是同意该定义吗？项目经理知道软件测试员的目标吗？如果不是这样，建立测试计划的过程就是保证他们要理解和同意相关结论的过程。

项目小组中最大的问题之一是忽视在开发产品中这些常用术语的含义。程序员、测试员和管理部门对术语都有各自的理解。如果程序员和测试员对软件缺陷定义的基本理解未能达到一致，则争执在所难免。

建立测试计划的过程也是定义相关用词和术语的过程。对差异要进行鉴别，并得到一致的同意，使全体人员说法一致。

4. 团队之间的责任

团队之间的责任是明确指出可能影响测试工作的任务和交付内容。测试小组的工作由许多其他功能团队驱动——程序员、项目经理、技术文档作者等。如果责任未明确，整个项目，尤其是测试工作将会十分混乱，从而导致重要的任务被忘记。

需要定义的任务类型很难分清。复杂的任务可能有多个负责人，也可能没有负责人。计划这些任务和交流计划最简单的方法是使用表 9-1。

表9-1 团队责任列表

任务	程序管理者	程序员	测试员	技术文档作者	营销人员	产品支持人员
撰写产品版本声明	—				×	
创建产品组成部分清单	×					
创建合同	×			—		
产品设计/功能划分	×					
编写项目总体进度	×	—		—	—	
制作和维护产品说明书	×					
审查产品说明书	—	—	—	—		—
梳理内部产品的体系结构	—	×				
设计和编写代码		×				
制订测试计划			×			
审查测试计划	—		×	—	—	—
单元测试		×				
总体测试			×			
创建配置清单		—	×			
配置测试			×			
定义性能基准	×		—			

任务	程序管理者	程序员	测试员	技术文档作者	营销人员	产品支持人员
运行基准测试			×			
内容测试			—	×		
来自其他团队的测试代码			—			
自动化 / 维护构建过程		×				
磁盘构建 / 复制		×				
磁盘质量保证			×			
创建 beta 测试清单					×	—
管理 beta 程序	—		—		×	—
审查印刷的资料	—	—	—	×	—	—
定义演示版本	—				×	
生成演示版本	—				×	
测试演示版本			×			
缺陷会议	×	—	—		—	—

注："×"表示任务的责任者，"—"表示任务的参加者，空白表示团队不负责该任务。

确定表格中的任务取决于经验。理想情况下，如果小组中有资深成员，可以先查看一遍清单，但是每一个项目是不同的，项目中团队之间的责任和依赖关系也是不同的。因此，最好有特定人员能够询问以往的项目的情况，以及曾被疏忽的任务。

5. 哪些需要测试，哪些不需要测试

有时我们会惊奇地发现软件产品中包含的某些内容无须测试。这些内容可能是以前发布过或者测试过的软件。来自其他软件公司并已经测试过的内容可以直接接受。外包公司会提供预先测试过的产品部分。

测试计划的过程中需要验明软件的每一部分，确定它是否需要测试。如果不计划进行测试，需要说明理由。如果由于误解而在整个开发周期漏掉部分代码，未进行任何测试，就可能导致一场灾难。

6. 测试的阶段

在计划测试阶段，测试小组会查看预定的开发模式，并决定在项目期间是采用一个测试阶段测试还是分阶段测试。在边写边改的模式中，可能只有一个测试阶段——不断测试，直到某个成员宣布测试停止。在瀑布和螺旋模式中，从检查产品说明书到验收测试可能会分为几个阶段，测试计划也属于其中一个测试阶段。

测试的计划过程应该明确每一个预定的测试阶段，并告知项目小组。该过程一般会有助于整个小组了解全部开发模式。

注意：与测试阶段相关联的两个重要概念是进入和退出规则。每一个阶段都必须有客观定义的规则，明确地声明本阶段结束，下一阶段开始。例如，说明书审查阶段可能在正式说明书审查公布时结束。假如没有明显的进入和退出规则，测试就会变成单一且毫无头绪的工作——很像边写、边改、边开发模式。

7. 测试策略

与定义测试阶段相关联的练习是定义测试策略。测试策略描述的是测试小组用于测试整体和每个阶段的方法。回顾到目前为止所学的软件测试知识，如果你要测试产品，就需要决定使用黑盒测试还是白盒测试。如果你决定综合使用这两种技术，那么在软件的哪些部分、什么时候运用它们呢？

有些代码需要手工测试，而有些代码用工具测试和自动化测试会更好。如果要使用工具进行测试，那么是否需要开发，或者是否能够买到已有的商用解决方案？也许更有效的方法是把整个测试工作外包到专业测试公司，只要安排测试员监督外包公司的工作即可。

做决策是一项复杂的工作——需要由经验丰富的测试员来做，因为这将决定测试工作的成败。项目小组全体成员都了解并同意预定计划是极其重要的。

8. 资源需求

明确资源需求是确定实现测试策略必备条件的过程。在项目期间需要考虑到测试可能用到的任何资源，主要资源如下。

（1）人员。人员数量、经验和专长。

（2）设备。计算机、测试硬件、打印机、工具。

（3）办公室和实验室空间。它们的大小、位置、布局。

（4）软件。文字处理程序、数据库程序和自定义工具，以及要购买哪些东西、要写什么材料。

（5）外包测试公司。是否需要外包公司、选择它们的原则是什么、费用如何。

（6）其他配备。磁盘、电话、参考书、培训资料，以及在项目期间是否还需要其他设备。

特定资源需求取决于项目、小组和公司，因此，测试计划工作要仔细估算测试软件的要求。如果开始未做好预算，通常到项目后期获取资源会很困难，甚至无法获取，因此，创建完整的资源需求清单是必要的。

9. 测试员的任务分配

一旦定义了测试阶段、测试策略和资源需求，那么根据产品说明书就可以给每个测试员分配任务了。测试员任务分配是指明确测试员负责软件的哪些部分、可测试哪些特性。表 9-2 给出了一个极为简化的 Windows 写字板程序的测试员任务分配情况。

表9-2　Windows写字板程序的测试员任务分配情况

测试员	测试任务分配
张三	字符格式：字体、大小、颜色、样式
李四	布局：项目符号、段落、制表符、换行
王五	配置和兼容性
赵六	用户界面：易用性、外观、辅助特性
田七	文档：在线帮助、滚动帮助
周八	压力和负载

实际责任表更加详细，需要确保软件的每一部分都有人员负责测试。每一个测试员都应清楚地知道自己负责什么，而且有足够的信息开始设计测试用例。

10. 测试进度

测试进度需要以上所述的全部信息，并将其映射到整个项目进度中。测试进度在测试计划工作中至关重要，因为原以为很容易设计和编码的一些必要特性可能在测试时被证实非常耗时。

关于测试计划的一个重要问题是测试工作通常不能平均分布在整个产品开发周期中。有些测试以说明书和代码审查、工具开发等形式在早期进行，但是测试任务的数量、人员的数量和测试花费的时间随着项目的进展不断增长，这些数据在产品发布之前会形成短期的高峰。

图 9-15 是典型的软件测试资源需求表。

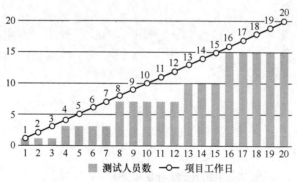

图9-15　软件测试资源需求表

持续增长的结果是测试进度受到项目中先前事件的影响越来越大。如果项目中某一部分延迟两周交给测试组，而按照进度只有三周的测试时间，结果会怎样？把三周的测试任务在一周内完成，还是推迟两周？这个问题被称为进度破坏（Schedule Crunch）。

摆脱进度破坏的一个方法是在测试进度中避免设定死启动和停止任务的日期。表 9-3 展示了会使小组陷入进度破坏的测试进度。

表9-3　测试进度一

测试任务	日期
测试计划完成	3/5/2020
测试用例完成	6/1/2020
通过第 1 轮测试	6/15/2020—8/1/2020
通过第 2 轮测试	8/15/2020—10/1/2020
通过第 3 轮测试	10/15/2020—11/15/2020

相反，如果测试进度根据测试阶段定义的进入和退出规则采用相对日期（如表 9-4 所示），那么显然测试任务会依赖于其他先完成的可交付内容。单个任务需要多少时间也很明显。

表9-4　测试进度二

测试任务	开始日期	使用时间
测试计划完成	说明书完成后	4 个星期
测试用例完成	测试计划完成	12 个星期
#1 测试通过	代码完成构建	6 个星期
#2 测试通过	Beta 版构建	6 个星期
#3 测试通过	发行版构建	4 个星期

11. 测试用例

测试计划过程将决定用什么方法编写测试用例。

12. 软件缺陷报告

当执行测试时，需要提交缺陷报告，用来记录和跟踪缺陷。在此应定义缺陷的相关属性和处理流程。

13. 度量和统计

度量和统计是跟踪项目发展、成效和测试的手段。测试的计划过程应该明确要收集哪些信息、要做什么决定、谁来负责收集这些信息。

实用的测试度量的例子如下。

（1）在项目开展期间每天发现的软件缺陷总数。

（2）仍然需要修复的软件缺陷清单。

（3）根据严重程度对当前软件缺陷评级。

（4）每个测试员找出的软件缺陷总数。

（5）从每个特性或者区域中发现的软件缺陷数目。

14. 风险和问题

测试计划中常用而且非常实用的部分是明确指出项目的潜在问题或者风险区域，这些会对测试工作产生影响。

软件测试人员要明确指出测试过程中的风险，并与测试经理和项目经理交换意见。这些风险应该在测试计划中被明确指出，在进度中给予说明。有些是真正的风险，而有些最终被证实是无关紧要的。重要的是要尽早明确指出这些风险，以免影响项目开展。

9.3.4 ▶▶ 编写软件测试计划需要注意的问题

软件测试是有计划、有组织和有系统性的软件质量保证活动，而不是随意、松散、杂乱的实施过程。为了规范软件测试内容、方法和过程，在对软件进行测试之前，必须创建测试计划。

《计算机软件测试文件编制规范》（GB/T 9386—2008）将测试计划定义为"一个叙述了预定的测试活动的范围、途径、资源及进度安排的文档。它确认了测试项、被测特征、测试任务、人员安排，以及任何偶发事件的风险"。

软件测试计划是指导测试过程的纲领性文件，包含了产品概述、测试策略、测试方法、测试区域、测试配置、测试周期、测试资源、测试交流、风险分析等内容。借助软件测试计划，参与测试的项目成员，尤其是测试管理人员，可以明确测试任务和测试方法，保持测试实施过程的顺畅沟通，跟踪和控制测试进度，应对测试过程中的各种变更。

做好软件的测试计划不是一件容易的事情，需要综合考虑各种影响测试的因素。为了做好软件测试计划，需要注意以下几个方面。

1. 明确测试的目标，增强测试计划的实用性

任何商业软件都包含了丰富的功能，因此，软件测试的内容千头万绪，如何在纷乱的测试内容之间提炼测试的目标，是制订软件测试计划时首先需要明确的问题。测试目标必须是明确的，可以量化和度量的，而不是模棱两可的宏观描述。另外，测试目标应该相对集中，避免罗列出一系列目标，从而导致轻重不分或平均用力。根据对用户需求文档和设计规格文档的分析，确定被测软件的质量要求和测试需要达到的目的。

编写软件测试计划的主要目的就是在测试过程中能够发现更多的软件缺陷。因此，软件测试计划中的测试范围必须高度覆盖功能需求，测试方法必须切实可行，测试工具要具有较高的实用性，生成的测试结果直观、准确。

2. 坚持"5W"规则，明确内容与过程

"5W"规则指的是"What"（做什么）、"Why"（为什么做）、"When"（何时做）、"Where"（在哪里）、"How"（如何做）。利用"5W"规则创建软件测试计划，可以帮助测试团队理解测试的目的（Why），明确测试的范围和内容（What），确定测试的开始和结束日期（When），指出测试的方法和工具（How），给出测试文档和软件的存放位置（Where）。

为了使"5W"规则更具体化，需要准确理解被测软件的功能特征、行业应用知识和

软件测试技术，在需要测试的内容中突出关键部分，可以列出关键及风险内容、属性、场景或者测试技术。针对测试过程的阶段划分、文档管理、缺陷管理、进度管理给出切实可行的方法。

3. 采用评审和更新机制，保证测试计划满足实际需求

编写完测试计划后，没有经过评审，直接发送给测试团队的做法是不可行的，因为测试计划内容可能会存在不准确或遗漏的问题，或者软件需求变更引起测试范围发生变化，而测试计划的内容没有及时更新，这样会误导测试执行人员。

测试计划包含多方面的内容，编写人员可能受自身测试经验和对软件需求的理解所限，加之软件开发是一个渐进的过程，所以最初创建的测试计划可能是不完善的、需要更新的。因此，需要采取相应的评审机制对测试计划的完整性、正确性、可行性进行评估。例如，在创建完测试计划后，将其提交到由项目经理、开发经理、测试经理、市场经理等组成的评审委员会进行审阅，根据审阅意见和建议进行修正和更新。

4. 分别创建测试计划与测试详细规格、测试用例

编写软件测试计划要避免一种不良倾向，即测试计划"大而全"，测试计划无所不包，篇幅冗长，重点不突出，既浪费写作时间，又浪费测试人员的阅读时间。"大而全"的一个常见表现就是测试计划文档包含详细的测试技术指标、测试步骤和测试用例。

最好的方法是把详细的测试技术指标包含到独立创建的测试详细规格文档中，把用于指导测试小组执行测试过程的测试用例放到独立创建的测试用例文档或测试用例管理数据库中。测试计划和测试详细规格、测试用例之间是战略和战术的关系，测试计划主要从宏观上规划测试活动的范围、方法和资源配置，而测试详细规格、测试用例是完成测试任务的具体战术。

9.3.5 ▶▶ 测试工作的难点

软件测试是软件生命周期中与软件开发并重的过程，软件测试工作需要在软件开发需求设计之前计划，但即使是早计划、早安排，准备测试用例的设计、设计测试流程，还是会在软件测试中遇到很多困难，具体如下。

（1）用户需求变更，导致软件测试工程师对需求理解有偏差。

（2）软件开发过程的新技术、新思想、逻辑架构的变化、业务逻辑的改变，都使得软件测试的难度加大。

（3）测试用例及测试流程是设计者对被测对象实现原理和外部需求的理解，能否正确反映对被测对象的质量要求，很大程度上取决于设计者的分析、理解和设计能力。这是一种缺乏指导性方法的、不易制定标准或规范的、需要"技巧"的设计活动。

（4）目前缺乏测试管理方面的资料。

（5）软件测试的有效实施需要开发组织与测试组织充分配合。虽然测试活动看似是对开发人员劳动成果的不断"挑剔"，但测试工作的出发点是确保开发人员的劳动成果成为可被接受的、更高品质的软件产品。因此，测试人员应向开发人员谦虚求教，在测试工作中真正发挥作用，为软件产品的高质量运行保驾护航。测试的组织者应在促进上级组织协调各部门工作方面发挥作用。

（6）有效的测试工作需要投入足够的人力和物力，需要对工作的难度和消耗有较准确的估计。

9.3.6 ▶▶ 测试原则

软件测试的原则是软件测试需要遵循的依据，从发现问题，到确认 Bug，再到逐渐将软件缺陷从软件产品中找出来，软件测试工程师关注的主要原则如下。

（1）所有测试的标准都建立在用户需求之上。

（2）软件测试必须基于"质量第一"的思想开展各项工作，当时间和质量冲突时，时间要服从质量。

（3）事先定义好产品的质量标准，只有有了质量标准，才能根据测试的结果，对产品的质量进行分析和评估。

（4）软件项目一旦启动，软件测试也随之开始，而不是等程序编写完才开始进行测试。

（5）采用穷举测试方法是不可能的。因为即便是一个大小适度的程序，其路径排列的数量也非常大，因此，在测试中不可能运行路径的每一种组合。

（6）第三方进行测试会更客观、更有效。

（7）软件测试计划是做好软件测试工作的前提。

（8）测试用例是设计出来的，不是编写出来的，所以要根据测试的目的，采用相应的方法设计测试用例，从而提高测试的效率，发现更多错误，提高程序的可靠性。

（9）对发现错误较多的程序段，应进行更深入的测试。一般来说，一段程序中已发现的错误数越多，其中存在的错误概率也就越大。

（10）重视文档，妥善保存一切测试过程文档（测试计划、测试用例、测试报告等）。

（11）应当把"尽早和不断地测试"作为测试人员的座右铭。

（12）回归测试的关联性一定要引起充分的注意，修改一个错误而引起更多错误出现的现象并不少见。

（13）测试应从"小规模"开始，逐步转向"大规模"。

（14）不可将测试用例置之度外，排除随意性。

（15）必须彻底检查每一个测试结果。

（16）一定要注意测试中的错误集中发生的现象，这与程序员的编程水平和习惯有很大的关系。

（17）对测试出的错误结果一定要有一个确认的过程。

9.3.7 ▶▶ 测试思路

软件测试的核心是测试设计，而测试设计的质量很大程度上取决于测试人员的思路是否开阔和到位。基于功能测试工作，测试思路需要不断扩展，以求全方位地考虑如何进行测试。

1. 逆向思维方式

（1）逆向思维在测试中经常会用到，比如根据结果逆推条件，从而得出输入条件的等价类划分。

（2）逆向思维在调试中也会经常用到，当发现缺陷时，进一步定位问题所在，往往需要逆流而上，进行分析。

（3）逆向思维是相对的，即按照与常规思路相反的方向进行思考，测试人员往往能够运用它发现开发人员思维的漏洞。

2. 组合思维方式

（1）很多时候思考单一的事物时，很难发现问题，但将相关的事物组合在一起时就能发现很多问题，如多进程并发让程序的复杂度上了一个台阶，也让程序的缺陷率随之增长。

（2）按照是否排序组合可以分为排列（有序）和组合（无序），针对不同的应用，可以酌情考虑使用"排列"或者"组合"。

（3）为了充分利用组合思维以避免让自己的思维混乱，要注意"分维"，即把相关的因素划分到不同的维度上，然后再考虑其相关性。

3. 全局思维方式

（1）事物往往存在多面性，我们掌握越多的层面，对它的认识就越清楚，也越有利于掌握其本质，全局思维方式就是让我们从多角度分析待测的系统，试着以不同角色去看系统，分析其能否满足需求。

（2）我们在软件开发过程中进行的各种评审就是借助全局思维的方式让更多的人参与思考，脑力激荡，尽可能地实现全方位审查某个解决方案的正确性及其他特性。

4. 两极思维方式

（1）边界值分析是两极思维方式的典范。

（2）为了了解系统的稳定性，应采用压力测试。

（3）两极思维方式是在极端的情况下，查看系统是否存在缺陷。

5. 简单思维方式

（1）剥离一些非关键特征，追逐事物的本质，使事物只剩下"根本"。

（2）针对事物本质（解决问题的本质）的测试，避免偏离方向。

6. 比较思维方式

（1）认识事物时，人们往往都是通过将其和头脑中的某些概念进行比较，找出相同、相异之处，或者归类，从而将其加入大脑中的知识体系，还可能再建立便捷的搜索方式，以便以后使用。

（2）应用模式是"比较思维"很常见的例子，包括设计模式、体系结构模式、测试模式等，该模式是一些专家针对一些相关问题的共性找出来的解决方法，命名后，可以让大家方便地复用。

（3）测试过程中，经验很重要，比较思维是一种使用经验的方式。

9.3.8 ▶▶▶ 软件测试模型

在软件开发几十年的实践过程中，人们总结了很多开发模型，比如瀑布模型、快速原型模型、螺旋模型、增量模型、渐进模型、快速应用开发（RAD）模型以及最近比较流行的 Rational 统一过程（RUP）模型等，这些模型对于软件开发具有很好的指导作用，但非常遗憾的是，在这些过程方法中，并没有充分强调测试的价值，也没有足够重视测试，所以这些模型无法高效地指导测试实践。

软件测试是与软件开发紧密相关的一系列有计划的系统性活动，显然软件测试也需要借助测试模型去指导实践。非常可喜的是，软件测试专家通过测试实践总结出了很多出色的测试模型。由于测试与开发的结合非常紧密，在这些测试模型中也对开发过程进行了全面的总结，体现了测试与开发的融合，下面对主要的测试模型进行简单的介绍。

1. V 模型

V 模型是最具有代表性的测试模型。V 模型最早是由 Paul Rook 在 20 世纪 80 年代后期提出的，V 模型在英国国家计算中心文献中发布，旨在提升软件开发的效率和改善软件开发的效果。

在传统的开发模型中，比如瀑布模型，通常把测试过程作为在需求分析、概要设计、程序设计和编码全部完成之后的一个阶段，尽管有时测试工作会占用整个项目周期一半的时间，但是仍有人认为测试只是一个收尾工作，而不是主要的工程。如图 9-16 所示，V 模型是软件开发瀑布模型的变种，它反映了测试活动与分析和设计的关系，从左到右描述了基本的开发过程和测试行为，明确地标明了测试工程中存在的不同级别，清楚地描述了这些测试阶段和开发过程中各阶段的对应关系。

图 9-16 中箭头代表时间方向，左边是开发过程的各阶段，与此相对应的是右边测试过程的各个阶段。

V 模型的软件测试策略既包括低层测试，又包括高层测试，低层测试是为了保证源代码的正确性，高层测试是为了使整个系统满足用户的需求。

2. W 模型

V 模型的局限性在于没有明确地说明早期的测试，无法体现"尽早和不断地进行软件测试"的原则。在 V 模型中如果增加软件各开发阶段应同步进行的测试，那么 V 模型演化为 W 模型。在模型中不难看出，开发是"V"，测试是与此并行的"V"。基于"尽早和不断地进行软件测试"的原则，软件的需求和设计阶段的测试活动应遵循 IEEE 1012—1998《软件验证与确认（V&V）》的原则。

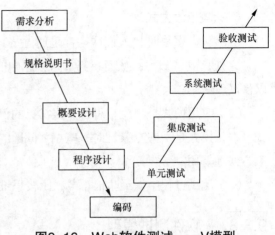

图9-16　Web软件测试——V模型

W 模型由 Evolutif 公司提出，相对于 V 模型，W 模型更科学，如图 9-17 所示。W 模型是 V 模型的拓展，强调测试伴随着整个软件开发周期，而且测试的对象不仅仅是程序，需求、功能和设计同样需要被测试。测试与开发是同步进行的，从而有利于尽早地发现问题。

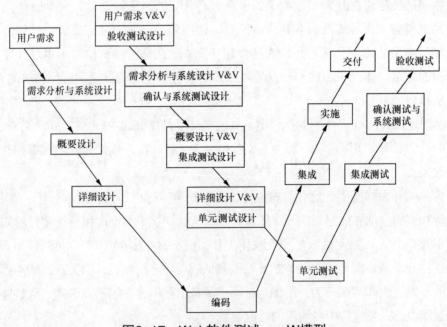

图9-17　Web软件测试——W模型

W 模型也有局限性。W 模型和 V 模型都把软件的开发视为需求、设计、编码等一系列串行的活动，无法支持迭代、自发性以及变更调整。

3. H 模型

上面两个测试过程模型都没有理想地体现测试流程的完整性。为了解决以上问题，提出了 H 模型，如图 9-18 所示。它将测试活动完全独立出来，形成一个完全独立的流程，将测试准备活动和测试执行活动清晰地展现出来。

图9-18　Web软件测试——H模型

图 9-18 演示了在整个生产周期中某个层次上的一次测试"微循环"。图中的其他流程可以是任意开发流程，如设计流程和编码流程，也可以是其他非开发流程，如软件质量保证（SQA，Software Quality Assurance）流程，甚至是测试流程本身。只要测试条件成熟了，测试准备活动就完成了，测试执行活动也就可以进行了。

H 模型揭示了以下几个方面内容。

（1）软件测试不仅仅指测试的执行，还包括很多其他的活动。

（2）软件测试是一个独立的流程，贯穿产品整个生命周期，与其他流程并发进行。

（3）软件测试要尽早准备，尽早执行。

（4）软件测试是根据被测物的不同而分层次进行的。不同层次的测试活动可以按照某个次序先后进行，也可以反复进行。

在 H 模型中，软件测试是一个独立的流程，贯穿于整个产品周期，与其他流程并发进行。当在某个测试时间点就绪时，软件测试即从测试准备阶段进入测试执行阶段。

9.3.9 ▶▶▶ 测试阶段

测试阶段主要包括以下几个阶段，在前面有所描述，在此不再赘述。

（1）单元测试。

（2）集成测试。

（3）系统测试。

（4）回归测试。

其中，回归测试是指在软件维护阶段，软件产品版本升级，为了检测代码修改而引入的错误所进行的测试活动。回归测试是软件维护阶段的重要工作，有研究表明，回归测试带来的耗费占软件生命周期总费用的 1/3 以上。

与普通的测试不同，在回归测试过程开始的时候，测试者有一个完整的测试用例集可供使用，因此，如何根据代码的修改情况对已有测试用例集进行有效的复用是回归测试研究的重要方向。此外，回归测试的研究方向还涉及自动化工具、面向对象回归测试、测试用例优先级、回归测试用例补充生成等。

>> 9.4 压力测试

9.4.1 ▶▶ 什么是压力测试

压力测试（Stress Test），也称为强度测试、负载测试。压力测试是模拟实际应用的软硬件环境及用户使用过程的系统负荷，长时间或超大负荷地运行测试软件，来测试被测系统的性能、可靠性、稳定性等。压力测试分两种场景：一种是单场景，只测试一个接口；另一种是混合场景，测试多个有关联的接口。压测时间，一般场景运行 10 ～ 15 分钟。如果是疲劳测试，压测时间为一天或一周，根据实际情况来定，本节主要介绍单场景压测一个接口。

9.4.2 ▶▶ 压力测试的作用

压力测试可以帮助我们发现系统中的瓶颈问题，降低系统出问题的概率，预估系统的承载能力，使我们能做出相应的应对措施。所以压力测试是一个非常重要的步骤，下面介绍一款压力测试工具 JMeter。

9.4.3 ▶▶ 什么是 JMeter

Apache JMeter 是 Apache 组织开发的基于 Java 的压力测试工具，用于对软件进行压力测试。它最初被设计用于 Web 应用测试，后来扩展到其他测试领域。它可以用于测试静态和动态资源，如静态文件、Java 小服务程序、CGI 脚本、Java 对象、数据库，FTP 服务器等。JMeter 可以用于对服务器、网络或对象模拟巨大的负载，以在不同类别压力下测试它们的强度并分析整体性能。另外，JMeter 能够对应用程序进行功能 / 回归测试，通过创建带有断言的脚本来验证程序是否返回了期望的结果。为了最大限度地保证灵活性，JMeter 允许使用正则表达式创建断言。

9.4.4 ▶▶ JMeter 主要特性

JMeter 的主要特性如下。

（1）可移植性和精心设计的 GUI：100% 基于 Java。

（2）多线程。框架允许通过多个线程并发取样和通过单独的线程组队对不同的功能同时取样。

（3）扩展性。能够自动扫描其 lib/ext 子目录下 .jar 文件中的插件，并且将其装载到内存中，用户可通过不同的菜单调用。

（4）支持分布式机制。使用多台机器同时产生负载的机制。

9.4.5 ▶▶▶ JMeter 安装和配置

1. JMeter 安装准备

（1）安装环境要求：JMeter 要求充分满足 jvm1.3 或更高版本。

（2）操作系统：JMeter 可以在当前任何一个已经部署了 Java 的操作系统上运行，例如 UNIX（Solaris、Linux）、Windows（98、NT、2000、XP、WIN8、WIN10），这里我们介绍在 Windows 7 系统下安装 JMeter 的过程。

2. 安装及配置 JDK

由于 JMeter 是 100% 基于 Java 的，我们需要先安装及配置 JDK，下面是 JDK 安装及配置步骤。

（1）在 JDK 官网下载 JDK 1.8 版本。

如图 9-19 所示，选择自己的计算机对应的位数，这里我们选择 Windows x64。

Java SE Development Kit 8u281

This software is licensed under the Oracle Technology Network License Agreement for Oracle Java SE

Product / File Description	File Size	Download
Linux ARM 64 RPM Package	59.1 MB	jdk-8u281-linux-aarch64.rpm
Linux ARM 64 Compressed Archive	70.77 MB	jdk-8u281-linux-aarch64.tar.gz
Linux ARM 32 Hard Float ABI	73.47 MB	jdk-8u281-linux-arm32-vfp-hflt.tar.gz
Linux x86 RPM Package	108.46 MB	jdk-8u281-linux-i586.rpm
Linux x86 Compressed Archive	136.95 MB	jdk-8u281-linux-i586.tar.gz
Linux x64 RPM Package	108.06 MB	jdk-8u281-linux-x64.rpm
Linux x64 Compressed Archive	137.06 MB	jdk-8u281-linux-x64.tar.gz
macOS x64	205.26 MB	jdk-8u281-macosx-x64.dmg
Solaris SPARC 64-bit (SVR4 package)	125.96 MB	jdk-8u281-solaris-sparcv9.tar.Z
Solaris SPARC 64-bit	88.77 MB	jdk-8u281-solaris-sparcv9.tar.gz
Solaris x64 (SVR4 package)	134.68 MB	jdk-8u281-solaris-x64.tar.Z
Solaris x64	92.66 MB	jdk-8u281-solaris-x64.tar.gz
Windows x86	154.69 MB	jdk-8u281-windows-i586.exe
Windows x64	166.97 MB	jdk-8u281-windows-x64.exe

图9-19　JDK官网版本

（2）下载完成后，双击安装，一直单击"下一步"。我们需要记住安装路径，后面会用到。图 9-20 是 JDK 安装完成界面。

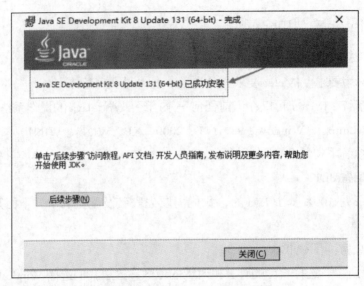

图9-20　JDK安装完成界面

（3）配置环境变量。

步骤1：单击鼠标右键"我的电脑"→"高级系统设置"，会看到图9-21所示的界面，继续单击"环境变量"。

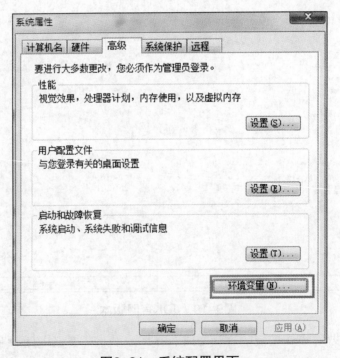

图9-21　系统配置界面

步骤2：单击"系统变量"下面的"新建"，添加系统变量名：JAVA_HOME，变量值：E:\JDK8，注意这里的变量值是指JDK安装目录路径，如图9-22所示。

步骤3：新建一个CLASSPATH变量名。

添加变量值：.;%JAVA_HOME%\lib\dt.jar;%JAVA_HOME%\lib\tools.jar，如图9-23所示。

图9-22 添加系统变量界面　　　　**图9-23 新建CLASSPATH变量界面**

步骤4：在"系统变量"找到path变量，单击"编辑"，添加变量值：%JAVA_HOME%\bin;%JAVA_HOME%\jre\bin，如图9-24所示。

图9-24 编辑path变量界面

步骤5：所有环境变量配置完成后，单击"确定"，即配置成功。

步骤6：安装和配置环境全部完成后需要测试所配置的环境变量是否正确。首先，按<Windows＋R>组合键，然后输入cmd，进入命令行界面，输入java -version命令，如图9-25所示。如果可以看到安装的JDK版本信息，则表示安装成功。

图9-25　测试配置环境变量是否正确界面

3. JMeter 安装和环境配置

步骤 1：首先从 JMeter 官网下载 JMeter，这里推荐 JMeter 5.4 版本。

如图 9-26 所示，选择 apache-jmeter-5.4.1.zip 版本。

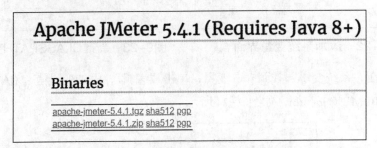

图9-26　JMeter历史版本下载列表

步骤 2：将下载好的 JMeter 进行解压缩，解压缩完成后进入 bin 目录下，双击启动 jmeter.bat 就会打开 JMeter，如图 9-27 所示。

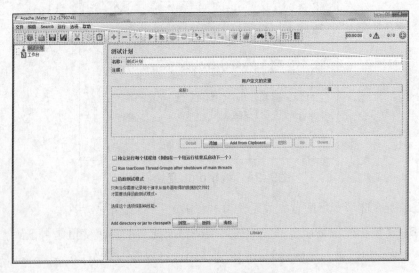

图9-27　JMeter主界面

9.4.6 ▶▶ JMeter 测试场景

我们对移动项目登录接口进行压力测试，首先需要设定初步的测试场景，如表 9-5 所示。

表9-5　测试场景

测试场景	并发用户数	循坏次数	请求次数
登录接口	10/s	10	100
登录接口	30/s	10	300
登录接口	50/s	10	500

9.4.7 ▶▶ 使用 JMeter 进行压力测试

（1）创建线程组，确定模拟用户数量。

选择测试计划，单击鼠标右键，依次选择"添加→ Threads（Users）→线程组"，如图 9-28 所示。

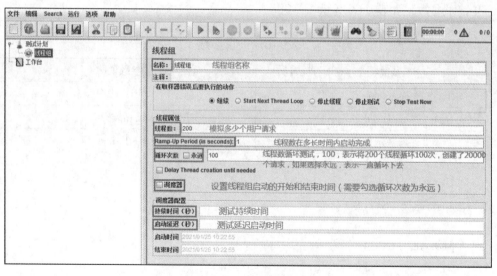

图9-28　线程组界面

（2）创建完线程组后，再添加 HTTP 请求，表示要对哪个接口进行压力测试，如图 9-29 所示。

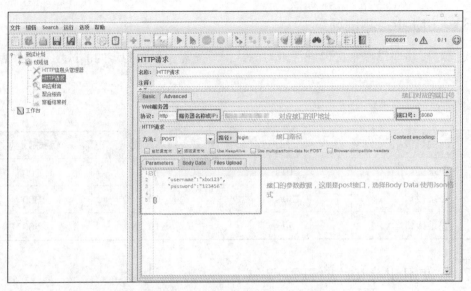

图9-29   添加HTTP请求界面

接口的相关信息如下。

① 请求 URL：对应接口的 IP 地址 :8080/login。

② 接口类型：POST。

③ 请求参数，如表9-6 所示。

表9-6   请求参数

参数名	参数说明
username	用户账户
password	密码
参数示例	/login

{
 	
    "username"："xbx123"，
 	
    "password"："123456"
 	
}	

（3）添加响应断言。选中线程组，单击鼠标右键依次选择"添加"→"断言"→"响应断言"，然后在"响应断言"中选择"响应文本"，添加输入"200"，如图 9-30 所示。

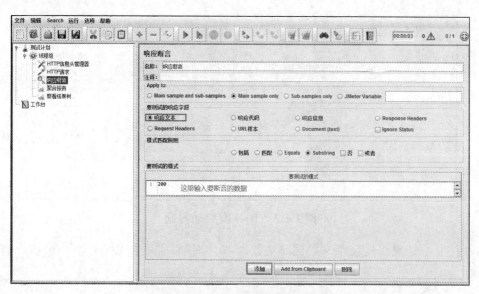

图9-30　添加响应断言界面

（4）添加监听器。为了给需要进行压力测试的 HTTP 请求添加监听器，使用户生成测试结果，这里介绍添加聚合报告、查看结果数和吞吐量监控分析图（Transaction per Second）的操作。首先选中线程组，单击鼠标右键依次选择"添加"→"监听器"→"聚合报告""查看结果树""Transaction per Second"，如图 9-31 所示。

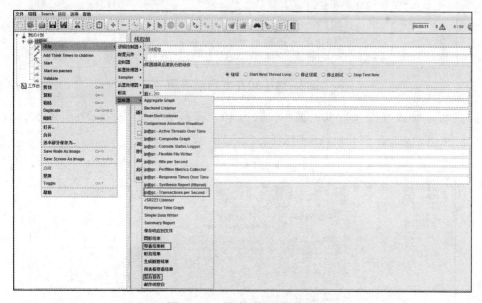

图9-31　添加监听器界面

（5）执行测试。

10 并发：修改线程数为 10，循环次数为 10，表示在 10 个线程循环了 10 次，有 100 个请求。单击"启动"开始执行压力测试，如图 9-32 所示。

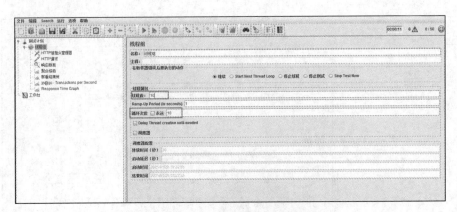

图9-32　10并发启动界面

30并发：修改线程数为30，循坏次数为10，表示在30个线程循环了10次，有300个请求。单击"启动"开始执行压力测试，如图9-33所示。

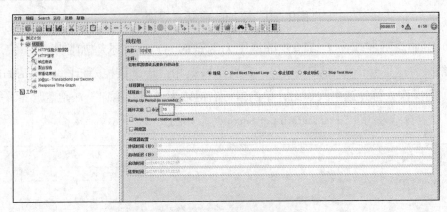

图9-33　30并发启动界面

50并发：修改线程数为50，循坏次数为10，表示在50个线程循环了10次，有500个请求。单击"启动"开始执行压力测试，如图9-34所示。

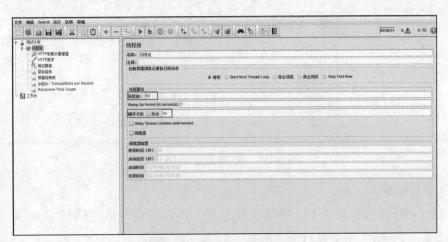

图9-34　50并发启动界面

9.4.8 ▶▶ 运行结果分析

前面已经介绍了如何进行压力测试，下面对压力测试结果进行分析，压力测试结果主要分为以下几个方面：聚合报告、查看结果树、Transaction per Second。

1. 聚合报告

JMeter 聚合报告可以直观地反映压力测试结果的综合数据，帮助我们进行压力测试。我们主要观察这几个数据：Average（平均响应时间）、Error（错误率）、Throughput（吞吐量）。下面是这次压力测试的聚合报告分析。

（1）下面我们观察压力测试执行结果——聚合报告。

① 10 并发聚合报告分析，如图 9-35 所示。

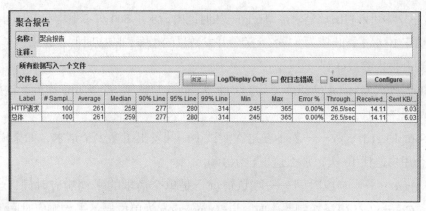

图9-35　10并发聚合报告分析界面

从图 9-35 中可以看出该登录接口在同一段时间内请求了 100 次；平均响应时间在 261 ms 左右；成功率 100%；吞吐量较小，为 26.5/s，还有待提高。总体结果显示该接口可能承载不了 10 并发，需要进行性能优化。

② 30 并发聚合报告分析，如图 9-36 所示。

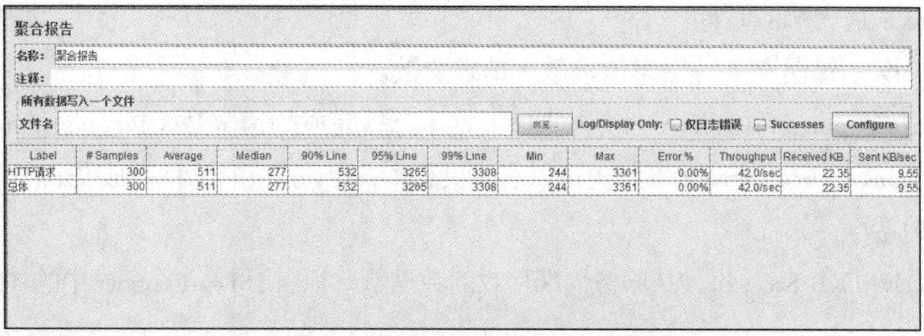

图9-36　30并发聚合报告分析界面

从图 9-36 中可以看出该登录接口在同一段时间内请求了 300 次；平均响应时间在 511 ms 左右；成功率 100%；吞吐量有所提高，达到 42/s。满足业务需求指标。

③ 50 并发聚合报告分析，如图 9-37 所示。

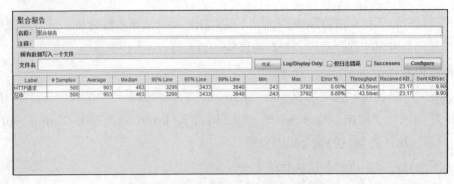

图9-37　50并发聚合报告分析界面

从图 9-37 中可以看出该登录接口在同一段时间内请求了 500 次；平均响应时间在 903 ms 左右；成功率 100%；吞吐量为 43.5/s。随着并发数量的增多，响应时间也越来越长。

（2）聚合报告参数详解

① Label：每个 JMeter 的组件（如 HTTP Request）都有一个 Name 属性，这里显示的就是 Name 属性的值。

② #Samples：请求数——表示在这次测试中一共发出了多少个请求，如果模拟 10 个用户，每个用户迭代 10 次，那么这里显示 100。

③ Average：平均响应时间——默认情况下是单个请求的平均响应时间，当使用了 Transaction Controller（事务控制器）时，以 Transaction 为单位显示平均响应时间。

④ Median：中位数，即 50% 的用户的响应时间。

⑤ 90% Line：即 90% 的用户的响应时间。

⑥ 95% Line：即 95% 的用户的响应时间。

⑦ 99% Line：即 99% 的用户的响应时间。

⑧ Min：最小响应时间。

⑨ Max：最大响应时间。

⑩ Error%：错误率——错误请求数 / 请求总数。

⑪ Throughput：吞吐量——默认情况下表示每秒完成的请求数（Request per Second），当使用了 Transaction Controller 时，也可以表示类似 LoadRunner 的每秒完成交易（Transaction per Second）数。

⑫ Received KB/Sec：每秒从服务器端接收的数据量，相当于 LoadRunner 中的 Throughput/Sec。

2. 查看结果树

通过查看结果树可以看到服务器处理请求之后的返回结果，进而分析是否存在问题，分析获取响应所花费的时间以及一些响应代码，如图 9-38 所示。

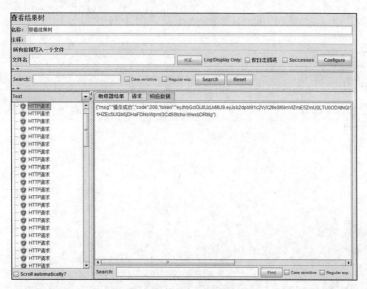

图9-38　查看结果树界面

在实际的"查看结果树"界面中，绿色代表成功，红色代表失败，我们可以看到登录接口的请求返回结果以及具体的返回结果，返回结果都是正常的，返回数据也正确。

3. 吞吐量（Transaction per Second）分析图

通过吞吐量分析图，我们可以直观地观察吞吐量在同一个时间段内的变化趋势。

（1）10并发结果，图 9-39 展示的是 10 并发情况下吞吐量分析图。

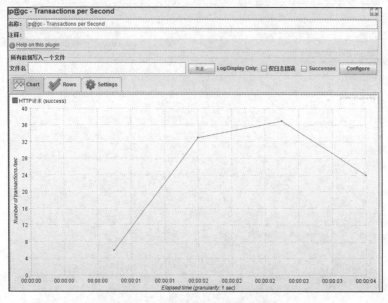

图9-39　10并发吞吐量分析图

从图 9-39 中可以看到该接口在 10 并发情况下，吞吐量平均保持在（20 ~ 40）/s，比较稳定。

（2）30并发结果，图9-40展示的是30并发情况下吞吐量分析图。

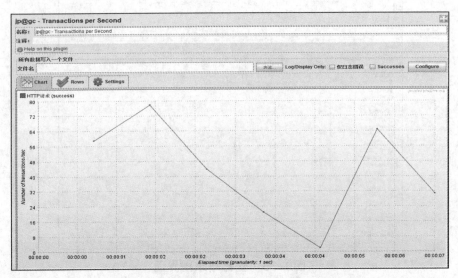

图9-40　30并发情况下吞吐量分析图

从图9-40中可以看到该登录接口在30并发情况下吞吐量起伏较大，保持在（20～50）/s，波动比较明显，不是很稳定。

（3）50并发结果，图9-41展示的是50并发情况下吞吐量分析图。

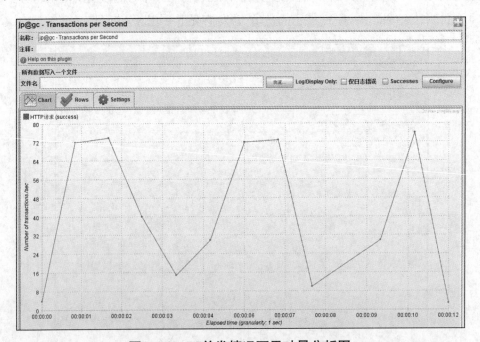

图9-41　50并发情况下吞吐量分析图

从图9-41中可以看到该登录接口在50并发情况下吞吐量起伏也很大，保持在（20～70）/s，波动比较明显。

9.4.9 ⋙ 压力测试报告

1. 测试目的

（1）验证移动项目登录接口在特定的硬件环境和特定的数据环境下，各常用的业务场景是否能正常运行。

（2）验证移动项目登录接口在特定的硬件环境和特定的数据环境下，各常用的业务场景的并发用户数、对应的响应时间和吞吐量情况。

（3）验证移动项目登录接口在特定的硬件环境和特定的数据环境下，各常用的业务场景能支持的最大并发用户数。

2. 测试范围

测试移动项目登录接口，接口文档相关信息如下。

（1）请求 URL：对应接口的 IP 地址 :8080/login。

（2）接口类型：POST。

请求参数如表 9-7 所示。

表9-7　请求参数

参数名	参数说明
username	用户账户
password	密码
参数示例	/login

```
{

    "username"："xbx123"，

    "password"："123456"

}
```

3. 测试需求和指标

（1）测试需求：吞吐量在 40/s 以上；平均响应时间不超过 1 s；成功率在 95% 以上。

（2）测试指标：吞吐量在 40/s 以上；平均响应时间不超过 1 s；成功率在 95% 以上。
并发量大于 50。

4. 测试场景

我们对移动项目登录接口进行压力测试，首先需要设定测试场景，如表 9-8 所示。

表9-8　测试场景

测试场景	并发量	循环次数	请求次数
登录接口	10	10	100
登录接口	30	10	300
登录接口	50	10	500

5. 测试资源与工具

（1）人力资源分布如表9-9所示。

表9-9　人力资源分布

角色	数量	职责
QA	1	负责登录接口的压力测试，以及压力测试报告输出和维护

（2）测试工具如表9-10所示。

表9-10　测试工具

用途	工具	厂商/自研	版本
压力测试	JMeter	厂商	3.2

6. 测试结果

测试结果如表9-11所示。

表9-11　测试结果

条件	并发量	吞吐量	平均响应时间	成功率
登录接口	10	26.5/s	101 ms	100%
登录接口	30	42/s	511 ms	100%
登录接口	50	43.5/s	903 ms	100%

7. 测试结论

本次测试主要是针对移动项目登录接口，模拟同一段时间内多用户登录系统，分别进行10并发、30并发、50并发压力测试。

10并发情况下吞吐量在26.5/s左右；平均响应时间在101 ms左右；成功率为100%。

30并发情况下吞吐量在42/s左右；平均响应时间在511 ms左右；成功率为100%。

50并发情况下吞吐量在43.5/s左右；平均响应时间在903 ms左右；成功率为100%。

下面是测试结论。

（1）从结果中我们可以看出登录接口在10并发情况下吞吐量较低，随着并发量增大，吞吐量有所提高，总体达到业务需求40/s的吞吐量的标准。

（2）从结果中我们还能看出登录接口随着并发量的增大，平均响应时间也越来越长，能够勉强满足业务目标需求 1 s 内的指标，但是还是需要优化性能。

因此，本次性能测试结果为：基本满足性能指标，测试结果为通过。

9.4.10 ▸ 分布式压力测试

1. 什么是分布式压力测试

在使用 JMeter 进行接口的压力测试时，由于 JMeter 是 Java 应用，对于 CPU 和内存的消耗比较大，因此，当需要模拟数以万计的并发用户时，使用单台机器就有些力不从心，甚至会引起 Java 内存溢出错误。为了使 JMeter 工具提供更大的负载能力，可以使用 JMeter 提供的分布式功能来启动多台计算机以分压测试。

2. JMeter 分布式压力测试执行原理

（1）进行 JMeter 分布式压力测试时，选择其中一台作为控制机（Controller），其他机器作为代理机（Agent）。

（2）执行时，控制机会把脚本发送到每台代理机上，代理机收到脚本后开始执行，执行时不需要启动 JMeter，只需要打开 jmeter-server.bat 文件。

（3）执行后，代理机会把结果回传给控制机，控制机会收集所有代理机的信息并汇总。

3. 代理机配置

（1）代理机上需要安装 JDK、JMeter，并且配置好环境变量。

（2）打开"运行"文件，输入"cmd"，打开运行面板，输入"ipconfig"，找到 IP 地址（192.168.8.149），如图 9-42 所示。

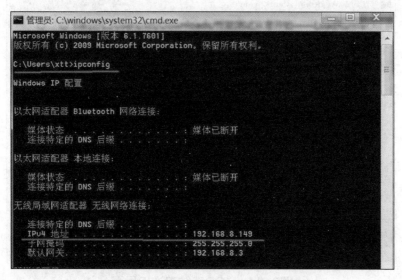

图9-42　DOS系统查询IP地址界面

（3）打开 Jmeter/bin/jmeter.properties，找到"remote_hosts=127.0.0.1"，把这一行修改

为"remote_hosts=192.168.8.149:1099"，"1099"是端口号，可以随意自定义，如图 9-43 所示。

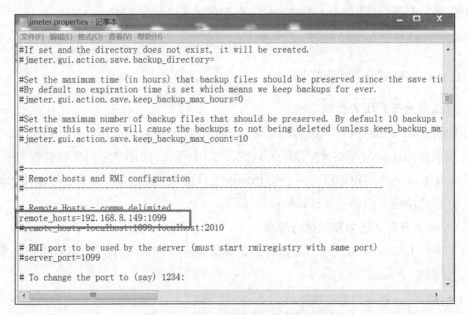

图9-43　修改配置文件参数界面

（4）然后在 bin 目录下打开 jmeter-server.bat 文件，完成设置，等待控制机启动。

4. 控制机配置

（1）打开"运行"文件，输入"cmd"，打开运行面板，输入"ipconfig"，找到 IP 地址（192.168.8.174），如图 9-44 所示。

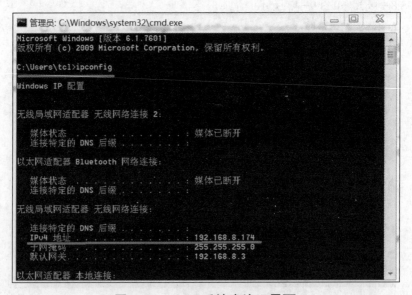

图9-44　DOS系统查询IP界面

（2）打开 Jmeter/bin/jmeter.properties，找到"remote_hosts=127.0.0.1"，把这一行修改

为"remote_hosts=192.168.8.149:1099,192.168.8.174:1099","1099"是端口号，可以随意自定义。如果有多台代理机，需要把所有代理机的 IP 地址和端口号都加入进来，如图 9-45 所示。

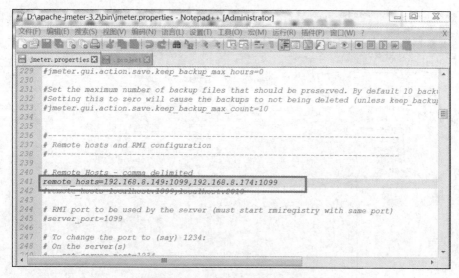

图9-45　修改配置文件界面

（3）在 bin 目录下，打开 jmeter-server.bat 文件，完成配置。

5. 使用 JMeter 执行分布式压力测试

（1）使用登录接口的脚本，线程组设置 10 个线程数，循环 10 次，即一台机器发送 100 个请求，如图 9-46 所示。

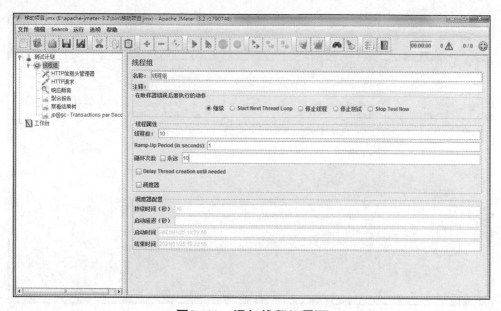

图9-46　添加线程组界面

（2）单击"运行"，可以选择远程启动或者远程全部启动，如果单击"远程启动"，可以选择任意一台计算机来运行，如果单击"远程全部启动"，就会运行控制机和所有的代理机，如图 9-47 所示。

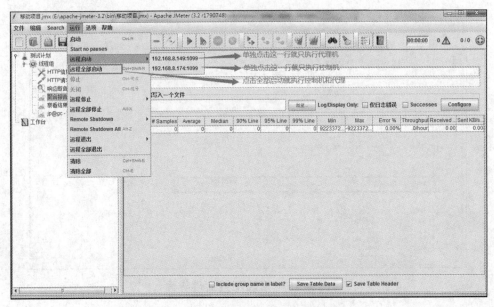

图9-47　执行分布式测试界面

（3）在图 9-47 所示的界面中单击"远程全部启动"。运行结束后，就完成了 JMeter 分布式压力测试，然后就可以查看聚合报告了。每台计算机设置的线程数为 100，一共两台计算机，所以是 200 个线程数，如图 9-48 所示。

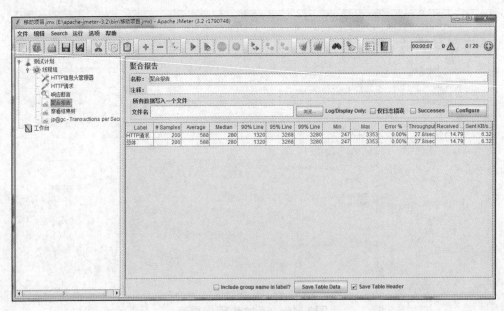

图9-48　聚合报告界面

9.5　本章小结

本章讲解了如何进行高效的软件测试，首先介绍了软件测试用例，其次介绍了不同类型软件测试——Web 系统、App、H5 和小程序的特性与测试内容，最后介绍了制订高效的功能测试工作流程和压力测试的相关内容。

9.6　本章习题

一、单选题

1. 下列属于检查软件功能的测试方法是（　　）。

　　A. 白盒测试　　　　　B. 灰盒测试　　　　　　C. 黑盒测试　　　　　　　D. 回归测试

2. 下列不属于功能测试流程的是（　　）。

　　A. 制订测试计划　　B. 编辑测试用例　　C. 提交测试总结　　　　D. 发现并提交 Bug

3. 表单中的数据会经过（　　）两次校验。

　　A. 脚本校验与数据的准确性校验　　　　B. 名称校验与格式校验

　　C. 大小校验与格式校验　　　　　　　　D. 脚本校验与信息校验

二、多选题

1. 链接是 Web 应用系统的一个主要特征，它是在页面之间切换和指导用户访问页面的主要手段。链接测试可分为以下几个方面。（　　）

　　A. 测试所有链接是否按指示确实链接到了该链接的页面

　　B. 测试所链接的页面是否存在

　　C. 保证 Web 应用系统上没有孤立的页面

　　D. 保证页面中有图片显示

2. App 软件安装与卸载的测试点包括（　　）。

　　A. 测试 App 软件是否可以成功安装　　B. 安装完毕是否可以启动运行

　　C. 是否可以卸载　　　　　　　　　　　D. 是否可以更新版本

3. App 软件支付功能的测试点包括（　　）。

　　A. 测试支付金额显示是否与订单金额一致

　　B. 测试支付优惠券或者选择扣款验证功能能否正常使用

　　C. 测试未提交的支付订单是否能取消支付

　　D. 测试单击支付响应后，是否在单个交易周期只响应一次

4. App 软件较 PC 端软件而言（　　）。

　　A. App 软件界面小　　　　　　　　　　B. App 软件输入方式多样

　　C. 平台系统与手机设备的碎片化　　　　D. 使用区域的单一化

5. 关于 H5 软件，横屏、竖屏相互切换的测试包括（   ）。

　　A. 是否有只支持横屏或竖屏的限制

　　B. 如果没有限制，测试能否自适应，并且布局不会乱

　　C. 按钮切换是否可以成功切换

　　D. 重力感应的切换是否可以成功切换

6. 关于小程序软件，与手机硬件交互测试包括（   ）。

　　A. 在低电量情况下，小程序的运行情况

　　B. 在来电话情况下，小程序的运行情况

　　C. 数据线插拔情况下，小程序的运行情况

　　D. 充电、重启等情况下小程序的运行情况

7. 软件需求包括以下不同层次的需求。（   ）

　　A. 业务需求　　　　　B. 用户需求　　　　　　C. 功能需求　　　　　　D. 不合格需求

三、判断题

1. Web 系统只有 PHP 一种。（   ）

2. Web 测试中，链接测试是对页面上所有链接地址进行测试。（   ）

3. 软件需求分析阶段是整个开发过程中最重要的阶段。（   ）

4. 软件测试不需要进行测试用例的设计，直接测试即可。（   ）

5. 所有测试的标准都不需要建立在用户需求之上。（   ）

四、简答题

1. 简述软件测试的原则。

2. 简述 Web 系统的特征。

3. 简述 App 软件与 PC 端软件测试的区别。

4. 简述常规的测试流程。

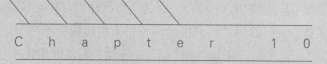

Chapter 10

第 10 章

UI 测试

内容导学

　　界面是软件与用户交互的最直接的层面，界面的好坏决定了用户对软件的第一印象。设计优良的界面能够引导用户完成相应的操作，起到向导的作用。同时界面如同人的面孔，具有吸引用户的直接优势。设计合理的界面能给用户带来轻松愉悦的感受，相反，设计较差的界面让用户有挫败感，再实用、强大的功能都可能因用户的畏惧与放弃而付诸东流。

　　对软件的人机交互、操作逻辑、界面美观的整体设计称为用户界面（UI，User Interface）设计。20世纪70年代，苹果公司购买了XWindow技术，利用可视化技术实现了软件图形化界面的开发；之后微软公司从苹果公司购买了该专利，并成功应用在Windows操作系统界面开发中，在当时引起了巨大的轰动。可视化技术的出现，使得各类软件都能实现图形化展示，这对于非计算机专业人员来说是巨大的福利。图10-1与图10-2是两款图形界面设计工具。

图10-1　图形界面设计工具——蓝湖设计软件

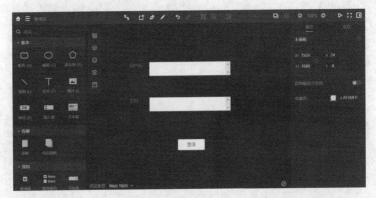

图10-2　图形界面设计工具——慕客在线设计软件

现在的软件测试活动中，启动软件后，最直观地展现在眼前的是软件的欢迎画面和主界面，它们提供用户的输入和系统的输出功能。用户界面控件布局设计是否合理、文本描述是否清晰准确、是否能吸引到用户、是否能让用户更便捷地使用，成为衡量软件质量的重要参考指标。

本章从如何理解用户图形接口、熟知界面上各种控件、了解控件的功能和特性、有效地完成测试工作等方面详细讲解 UI 测试。

学习目标

① 了解各种可视化控件的特性。

② 掌握 UI 中各类控件的测试内容。

③ 了解 C/S 及 B/S 架构中各种控件的功能异同，掌握相应的测试方法。

10.1 UI 测试的定义

用户界面测试（User Interface Testing）简称 UI 测试，主要测试用户界面的功能模块的布局是否合理、整体风格是否一致和各个控件的放置位置是否符合客户使用习惯，更重要的是要确定操作是否便捷，导航是否简单易懂，界面中的文字是否正确、命名是否统一，页面是否美观，文字、图片组合是否完美等。

1. UI 测试目的

（1）通过浏览测试对象是否可以正确反映业务的功能和需求，这种浏览包括窗口与窗口之间、字段与字段之间的浏览，以及使用的各种访问方法（Tab 键、鼠标移动和快捷键）的浏览。

（2）测试窗口的对象和特征（菜单、大小、位置、状态和中心）是否都符合标准。

2. UI 测试方法

（1）静态测试：对于用户界面的布局、风格、字体、图片等与显示相关的内容应该采用静态测试，比如点检表测试（将测试必须通过的项用点检表一条一条列举出来，然后确定每项是否通过）。

（2）动态测试：对用户界面中各个类别的控件应该采用动态测试，即编写测试用例或点检表；对每个按钮的响应情况进行测试，测试是否符合概要设计所规定的条件；还可以对用户界面在不同环境下的显示情况进行测试。

3. 格式与规范

许多产品都应用人体工程学的研究成果，使产品更具人性化，使用起来更加灵活、舒适。软件产品也是一样，应以软件的最终使用者——客户为出发点。好的用户界面包括 7 个要素：符合标准和规范、直观性、一致性、灵活性、舒适性、正确性、实用性。

（1）符合标准和规范

软件在现有的平台上运行，通常这些平台（如 Mac 或 Windows）都已经确立了自己的一套标准。标准和规范是由大量正式测试、经验、技巧和错误得出的方便用户的规则，有些标准是平台明确规定的，是为了让软件的 UI 与平台风格一致，在平台上更好地显示。这些标准与规范规定了软件应该有什么样的外观，何时使用复选框，何时使用单选按钮，何时使用提示信息、警告信息或者严重警告信息，如何设计常用功能的控件等，如图10-3所示。

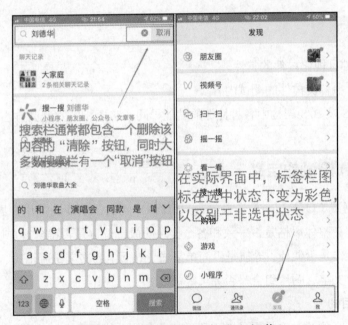

图10-3　iOS平台的UI标准和规范

由于多数用户已经熟悉、遵循或接受了这些标准和规范，或已经认同了这些信息所代表的意义，因此，如果用"提示信息"代表严重警告，它们很难受到用户的重视，可能会被用户随手关闭，甚至造成严重后果，但用户可能并不知道，这样自然得不到用户的认同。测试人员应该将此类问题报告为 Bug。如果软件在某一个平台上运行，就需要把该平台的标准和规范作为产品说明书的补充内容，在建立测试案例时将它们和产品说明书一起作为依据。

如果平台没有标准，因为也许测试的软件本身就是平台，那么软件设计者应创立一套标准，贯穿于整个软件的设计开发过程，使软件的相关标准与行业标准、规范或约定保持一致。

（2）直观性

考虑用户界面的直观性，首先应了解用户所需的功能，确保用户期待的响应相对明显，并在预期的地方出现。例如，执行结果已经显示出来，但因其不明显，用户使用时还在焦急地等待结果的出现。其次要考虑用户界面的组织和布局是否合理，界面是否洁净、是否拥挤，以及是否有多余的功能，是否因太复杂而难以掌握等因素。例如，新软件中一个非关键的图标使用了软件编程中常用的术语缩写，开发人员和测试人员往往因为太过熟悉而忽略了这个问题，但真正的用户很难理解其含义，从而会产生各种猜测，影响其直观性。

（3）一致性

一致性包括软件本身的一致性，以及软件与其他软件的一致性。字体是否一致、界面各元素风格是否一致是比较容易判定的，其他一致性问题通常体现在平台的标准和规范上。用户习惯于将某一程序的操作方式带到另一个程序中使用。例如，在 Windows 平台上客户已经习惯用 <Ctrl+C> 键表示复制操作，而在软件中将复制操作的快捷键定义为其他键必定会给用户造成不适应感。如果在同一软件不同的地方进行了不同的定义，则会使软件使用起来更为复杂。

（4）灵活性

用户喜欢可以灵活选择的软件，即在软件使用过程中可以选择不同的状态和方式实现相应的功能，如图 10-4 所示。但灵活性也可能发展为复杂性，如多种状态之间的转换。太多状态和方式的选择，不仅仅会增加用户理解和掌握的难度，还会增加编程的难度，更会增加软件测试人员的工作量。

图10-4　灵活性（Windows自带计算器）

（5）舒适性

舒适性的定义是含糊的。人们对舒适的理解各不相同，总体来说，恰当的表现、合理的安排、必要的提示或更正能力都是要考虑的因素。

Windows 的撤销（UNDO）/ 重做（REDO）特性让用户获得便捷的体验，图 10-5 中所示的状态信息使用户清楚系统目前的工作状态。

（6）正确性

正确性的问题一般都很明显，比较容易被发现。通常我们应注意是否有多余或遗漏的功能、功能是否被正确地实现、语言或拼写是否无误、在不同媒体上的表现是否一致、所有界面元素的状态是否都正确无误等。例

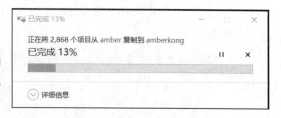

图10-5　舒适性（进度条）

如，根据用户的权限自动屏蔽某些功能，将密码输入内容显示为"*"。

（7）实用性

实用性不是指软件本身是否实用，而是指具体特性是否实用。在产品说明书的审查、准备测试、实际测试等各阶段都应考虑具体特性对软件是否具有实际价值，是否有助于用户实现软件设计的功能。如果认为有些功能不是必需的，就要研究其存在于软件中的原因。无用的功能只会增加程序的复杂度，产生不必要的软件缺陷。

在大型软件的开发或周期较长，需经过反复修改的软件开发中，容易产生一些没有实用性的功能。例如，由于某项功能的更改，可能导致原先设计界面上的图标或按钮失去了存在的意义，也可能导致传输一些无用的参数、产生一些无用的数据。

软件易用性测试（用户界面测试）没有一个具体量化的指标，主观性较强。当以上7个元素全部具备时，软件也很容易实现易用性。如果界面清晰美观，各元素布置合理，符合常用软件的标准和规范，用户能够在不需要其他帮助的情况下实现各项主要功能，我们就认为软件达到了易用性测试的标准。

综上所述，UI测试的对象包括页面或界面的整体布局、各类控件、图片与界面上的文本内容，接下来我们对如何测试这些对象进行详细的讲解。

▶▶ 10.2 文本的测试

第一章中我们提到过：软件产品由可运行的程序、数据和文档组成。文档是软件的一个重要组成部分。

UI测试中，界面中也包含了各类文本，如界面中显示的文本、授权确认信息文本、操作过程中的错误提示文本，以及使用说明等，我们先从比较容易理解的文本测试开始。

UI测试中的文本测试主要检查文本的内容与格式的正确性、完备性、可理解性与一致性。

（1）正确性是指不要把软件的功能和操作步骤写错，也不允许文档内容前后矛盾。格式的正确性包括段落设置，如行距、字体、字号等，标点符号是英文格式还是中文格式、全角还是半角等。

（2）完备性是指文档不可以"虎头蛇尾"，更不能漏掉关键内容。文档中很多内容对开发者而言可能是"显然"的，但对用户而言不一定是"显然"的。

（3）可理解性是指文档要让用户看得懂、能理解。

（4）一致性指的是术语要统一、中英文界面和内容不能混搭，如图10-6所示。

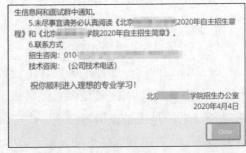

图10-6　UI测试文本显示错误的案例

仔细阅读文档，跟随每个步骤，检查每个图形，尝试每个示例是进行文档测试的基本方法。

10.3　各类控件的测试

10.3.1 ▶▶ C/S 架构控件的测试

在测试控件之前，我们先认识一下 C/S 软件的常规控件，如图 10-7 所示。

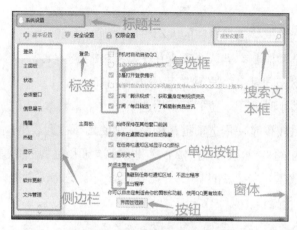

图10-7　C/S软件的常规控件

目前流行的 C/S 界面风格有三种方式：多窗体、单窗体以及资源管理器风格。

无论哪种风格，界面中的控件都应该遵循以下原则。

1. 易用性原则

控件的标签名称应该通俗易懂，用词准确，屏蔽模棱两可的字眼，要与同一界面上的其他控件有明显区别。理想的情况是用户不用查阅"帮助"就能了解该界面的功能并进行相关的正确操作。易用性细则如下。

（1）完成相同或相近功能的按钮用 Frame 框起来或对齐显示，常用按钮要支持快捷方式，如图 10-8 所示。

（2）将同一功能或任务的元素放在集中位置，缩短鼠标移动的距离。

（3）按功能将界面划分局域块，用 Frame 框起来，并附带功能说明或标题。

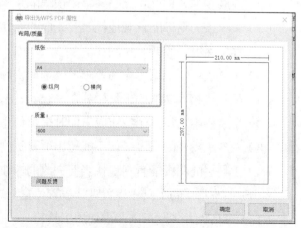

图10-8　相近功能的按钮用Frame框起来

（4）界面要支持键盘自动浏览按钮功能，即按 <Tab> 键的自动切换功能。

（5）界面上首先应输入的信息和重要信息的控件在 Tab 顺序中应当靠前，放在窗口上较醒目的位置。

（6）同一界面上的控件数不应超过 10 个，多于 10 个时可以考虑使用分页界面显示。

（7）分页界面要支持与其他页面间的快捷切换，常用组合快捷键 <Ctrl+Tab>。

（8）默认按钮要支持 <Enter> 键操作，即按 <Enter> 键后自动执行默认按钮对应操作。

（9）可输入控件检测到非法输入后应给出说明信息并能自动获得焦点。

（10）<Tab> 键的顺序与控件排列顺序一致，目前流行总体从上到下，行间从左到右的方式。

（11）复选框和选项框按选择概率的大小先后排列。

（12）复选框和选项框要有默认选项，并支持 <Tab> 键操作。

（13）选项的数量相同时多用选项框而不用下拉列表框。

（14）界面空间较小时使用下拉框而不用选项框。

（15）选项的数量较少时使用选项框，相反，则使用下拉列表框。

（16）专业性强的软件界面要使用相关的专业术语，通用性界面则提倡使用通用性词眼。

（17）对于界面输入重复性高的情况，该界面应全面支持键盘操作，即在不使用鼠标的情况下通过键盘进行操作。

2. 规范性原则

通常 PC 端 Windows 系统中的 C/S 软件，其界面都按 Windows 界面的规范来设计，即包含"菜单条、工具栏、工具箱、状态栏、滚动条、右键快捷菜单"的标准格式。可以说，界面遵循规范化的程度越高，则相应的易用性就越好。小型软件一般不提供工具箱。规范性细则如下。

（1）常用菜单应有命令快捷方式。

（2）完成相同或相近功能的菜单用横线隔开放在同一位置。

（3）菜单条的图标能直观地代表要完成的操作。

（4）菜单深度一般要求控制在最多三层以内。

（5）工具栏可以根据用户的要求自己选择定制。

（6）相同或相近功能的工具栏放在一起。

（7）工具栏中的每一个按钮应有即时提示信息。

（8）一条工具栏的长度最长不能超出屏幕宽度。

（9）工具栏的图标能直观地代表要完成的操作。

（10）系统常用的工具栏设置默认放置位置。

（11）工具栏太多时可以考虑使用工具箱。

（12）工具箱要具有可增减性，由用户自己根据需求定制。

（13）工具箱的默认总宽度不应超过屏幕宽度的 1/5。

（14）状态条要能显示用户切实需要的信息，常用的包括目前的操作、系统状态、用户位置、用户信息、提示信息、错误信息、使用单位信息及软件开发商信息等，如果某一操作需要的时间较长，还应该显示进度条和进程提示。

（15）滚动条的长度应根据显示信息的长度或宽度及时变换，以利于用户了解显示信息的位置和百分比。

（16）状态条的高度以放置 5 号字体为宜，滚动条的宽度比状态条的宽度略窄。

（17）菜单和工具栏要有清晰的界限；菜单要求突出显示，这样在移走工具栏时仍有立体感。

（18）菜单和状态栏中通常使用 5 号字体。工具栏一般比菜单要宽，但不能宽太多，否则看起来很不协调。

（19）右键快捷菜单采用与菜单相同的准则。

3. 帮助设施原则

UI 中应该提供详尽而可靠的帮助文档，用户在产生困惑时可以自己寻求解决方法。帮助设施细则如下。

（1）帮助文档中的性能介绍与说明应与系统性能配套一致。

（2）打包新系统时，对已修改的地方在帮助文档中要进行相应的修改，做到版本统一。

（3）操作时要提供及时调用系统帮助文档的功能，常用 <F1> 键。

（4）在界面上调用帮助文档时应该能够及时定位到与该操作相对的帮助位置，即帮助文档要有即时针对性。

（5）最好提供目前流行的联机帮助格式或 HTML 帮助格式。

（6）用户可以用关键词在帮助索引中搜索所需的帮助，同时也应该提供帮助主题词。

（7）如果没有提供书面的帮助文档，应提供打印帮助功能。

（8）帮助文档中应该提供技术支持方式，一旦用户难以自己解决问题，就可以方便地寻求新的帮助方式。

4. 合理性原则

屏幕对角线相交的位置是用户直视的地方，屏幕正上方四分之一处为易吸引用户注意力的位置，在放置窗体时要注意利用该位置。合理性细则如下。

（1）父窗体或主窗体的中心位置应该在对角线焦点附近。

（2）子窗体位置应该在主窗体的左上角或正中。

（3）多个子窗体弹出时应该依次向右下方偏移，以显示出窗体标题为宜。

（4）重要的命令按钮与使用较频繁的按钮要放在界面上醒目的位置。

（5）容易引起界面退出或关闭的按钮不应该放在容易被单击的位置。横排开头或竖排最后为容易被单击的位置。

（6）与正在进行的操作无关的按钮应该被屏蔽。

（7）对可能造成数据无法恢复的操作必须提供确认信息，给用户选择放弃的机会。

（8）非法的输入或操作应有足够的提示说明。

（9）在运行过程中因出现问题而引起错误的地方应设有提示，让用户明白错误出处，避免造成无限期的等待。

（10）提示、警告或错误说明应该清楚、明了、恰当，并且应避免英文提示的出现。

5. 美观与协调性原则

界面大小应该符合美学观点，能在有效的范围内吸引用户的注意力。美观与协调性细则如下。

（1）长宽接近黄金点比例，切忌长宽比例失调或宽度超过长度。

（2）布局要合理，不宜过于密集，也不能过于空旷，合理利用空间。

（3）按钮大小基本相近，忌用太长的名称，避免占用过多的界面位置。

（4）按钮的大小应与界面的大小和空间相协调。

（5）避免在空旷的界面上放置很大的按钮。

（6）放置完控件后界面不应有很大的空缺位置。

（7）字体、字号要与界面的大小比例相协调，通常使用中宋体，字号通常设为为 9 ~ 12，很少使用超过 12 号的字体。

（8）前景与背景色搭配协调，反差不宜太大，最好少用深色。Windows 界面色调为常用色调。

（9）如果使用其他颜色，主色要柔和，具有亲和力与磁力，杜绝刺目的颜色。

（10）大型系统常用的主色有 "#E1E1E1" "#EFEFEF" "#C0C0C0" 等。

（11）界面风格要保持一致，字的大小、颜色、字体要相同，除非是需要艺术处理或有特殊要求的地方。

（12）如果窗体支持最小化和最大化，在放大时，窗体上的控件也要随着窗体而缩放，切忌只放大窗体而忽略控件的缩放。

（13）对于含有按钮的界面一般不应该支持缩放，即右上角只有关闭功能。

（14）通常父窗体支持缩放时，子窗体没有必要缩放。

（15）如果能给用户提供自定义界面风格的功能则更好，用户可以自己选择颜色、字体等。

6. 菜单位置原则

菜单是界面上最重要的元素，菜单位置按功能来组织。菜单设置细则如下。

（1）菜单通常采用 "常用—主要—次要—工具—帮助" 的位置排列，符合流行的 Windows 风格。

（2）常用的选项有 "文件" "编辑" "查看" 等，几乎每个系统都有这些选项，当然要根据不同的系统进行取舍。

（3）下拉菜单要根据菜单选项的含义进行分组，并且按照一定的规则进行排列，用横线隔开。

（4）当一组菜单的使用有先后顺序或有向导作用时，应该按先后次序排列。

（5）没有顺序要求的菜单项按使用频率和重要性排列，常用的放在开头，不常用的靠后放置；重要的放在开头，次要的放在后面。

（6）如果菜单选项较多，应该采用增加菜单长度而减少深度的原则排列。

（7）一般要求菜单深度控制在 3 层以内。

（8）对常用的菜单要设置快捷命令方式。

（9）对与正在进行的操作无关的菜单要用屏蔽的方式处理，最好能够采用动态加载方式（只显示需要的菜单）。

（10）菜单前的图标不宜太大，图标高度与字的高度保持一致。

（11）主菜单的宽度要接近，每个菜单的字数不应多于 4 个，字数应尽量相同。

（12）主菜单数目不应太多，最好为单排布置。

菜单位置如图 10-9 所示。

图10-9　菜单位置

7. 独特性原则

如果一味地遵循业界的界面标准，则会丧失自己的个性。在框架符合以上规范的情况下，设计具有自己独特风格的界面尤为重要，尤其在商业软件流通中发挥的潜移默化的广告效用不容忽视。独特性细则如下。

（1）安装界面上应有单位介绍或产品介绍，并有自己的图标或徽标，如图 10-10 所示。

（2）主界面及大多数界面上应设有公司图标或徽标。

（3）登录界面上要有本产品的标识，同时包含公司图标或徽标。

（4）帮助菜单的"关于"中应有版权和产品信息。

（5）公司的系列产品要保持一致的界面风格，如背

图10-10　QQ的Logo

景色、字体、菜单排列方式、图标、安装过程、按钮等用语的字体应大体一致。

（6）应为产品制作特有的图标并区别于公司图标或徽标。

8. 快捷方式的组合原则

在菜单及功能按钮中使用快捷键，方便喜欢使用键盘的用户进行操作。

（1）面向事务的组合键有 <Ctrl+D> 删除、<Ctrl+F> 查找、<Ctrl+H> 替换、<Ctrl+I> 插入、<Ctrl+N> 新建、<Ctrl+S> 保存、<Ctrl+O> 打开。

（2）列表：<Ctrl+R> 刷新、<Ctrl+G> 定位、<Ctrl+Tab> 下一分页窗口或反序浏览同一页面控件。

（3）编辑：<Ctrl+A> 全选、<Ctrl+C> 复制、<Ctrl+V> 粘贴、<Ctrl+X> 剪切、<Ctrl+Z> 撤销、<Ctrl+Y> 恢复。

（4）文件操作：<Ctrl+P> 打印、<Ctrl+W> 关闭。

（5）系统菜单：<Alt+A> 文件、<Alt+E> 编辑、<Alt+T> 工具、<Alt+W> 窗口、<Alt+H> 帮助。

（6）Windows 保留键：<Ctrl+Esc> 任务列表、<Ctrl+F4> 关闭窗口、<Alt+F4> 结束应用、<Alt+Tab> 下一应用、<Enter> 默认按钮 / 确认操作、<Esc> 取消按钮 / 取消操作、<Shift+F1> 上下文相关帮助。

（7）功能按钮：可以根据系统需要而调节，以下是常用的组合键。

<Alt+Y> 确定（是）、<Alt+C> 取消、<Alt+N> 否、<Alt+D> 删除、<Alt+Q> 退出、<Alt+A> 添加、<Alt+E> 编辑、<Alt+B> 浏览、<Alt+R> 读、<Alt+W> 写。

菜单项截图如图 10-11 所示。

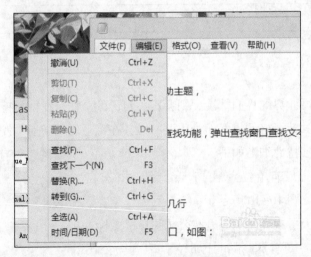

图10-11　菜单项截图

9. 排错性考虑原则

在界面上应通过各种方式来控制出错概率，减少系统因人为错误引起的破坏。开发者应当尽量周全地考虑到各种可能发生的问题，使出错的可能性降至最小。例如，应用出现保护性错误而退出系统，这种错误最容易使用户对软件失去信心。因为这意味着用户要中断思路，并费时费力地重新登录，而且已进行的操作也会因没有保存而全部作废。

排错性细则如下。

（1）排除可能会使应用非正常中止的错误。

（2）尽可能避免用户无意中录入无效的数据。

（3）采用相关控件限制用户输入值的种类。

（4）当用户做出选择的选项只有两个时，可以采用单选框。

（5）当选择的选项较多时，可以采用复选框，每一种选择都是有效的。

（6）当选项特别多时，可以采用列表框、下拉式列表框。

（7）在一个应用系统中，开发者应当避免用户进行未经授权或没有意义的操作。

（8）对可能引起致命错误或系统出错的输入字符或动作要加以限制或屏蔽。

（9）对可能发生严重后果的操作要备有补救措施。通过补救措施用户可以回到原来的正确状态。

（10）对一些特殊符号、与系统使用的符号相冲突的字符等进行判断并阻止用户输入这些字符。

（11）对错误操作最好支持可逆性处理，如取消系列操作。

（12）在输入有效性字符之前应该进行校验，以阻止无效字符录入。

（13）对可能造成等待时间较长的操作应该提供取消功能。

（14）与系统采用的保留字符相冲突的内容要加以限制。

（15）在读入用户所输入的信息时，根据需要选择是否去掉前后空格。

（16）有些读入数据库的字段不支持中间有空格，但如果用户确实需要输入中间空格，这时要在程序中加以处理。

10. 多窗口的应用与系统资源原则

设计良好的软件不仅要有完备的功能，还要尽可能地占用最低限度的资源。

（1）在多窗口系统中，有些界面要求必须保持在最顶层，避免用户在打开多个窗口时，不停地切换甚至最小化其他窗口来显示该窗口。

（2）主界面载入完毕后自动卸出内存，以释放所占用的 Windows 系统资源。

（3）关闭所有窗体，系统退出后要释放所占的所有系统资源，需要后台运行的除外。

（4）尽量防止独占系统。

10.3.2 ▶▶ B/S 架构控件的测试

B/S 架构即 Browser（浏览器）-Server（服务器）架构，是目前互联网主流网页浏览界面，如图 10-12 所示。各大网站主页是由 HTML（超文本标记语言）、CSS（层叠样式表）、底层数据库（Oracle、MySQL）或 Java 语言加数据库、PHP/Python 脚本语言加数据库一同开发设计出来的。

图10-12　B/S架构的浏览器页面

对于 B/S 架构的软件，UI 测试，除了要遵循 C/S 架构中提到的测试内容，还需要对浏览器页面中的元素进行测试。

1. 页面元素测试点

在测试控件之前，我们先认识一下 B/S 架构软件的元素，如图 10-13 所示。

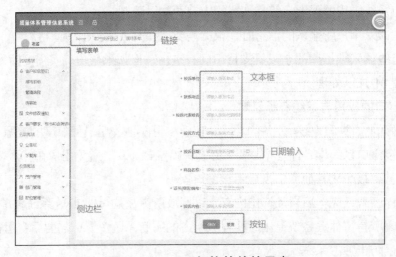

图10-13　B/S架构软件的元素

（1）链接测试

测试所有链接是否通过正确的路径链接到指定的页面上，确保应用到系统中的各个页面没有孤立的页面。根据用户权限，复制该用户的统一资源定位符（URL，Uniform Resource Locator），登录其他账户，查看其他账户是否有权限打开此链接路径，如不允许打开，查看是否存在页面提示信息。

（2）文本框（Text Field）

文本框的输入类型以及具体测试点罗列如下。

① 数字类型

A. 必填项验证：如果未输入必填项，程序是否有错误提示，提示信息是否合理。

B. 数值验证：最小值校验，查看设计文档中有无最小值设定、低于最小值时程序是否存在友好提示；最大值校验，查看设计文档中有无最大值设定、超过最大值时程序是否存在友好提示。

C. 正整数校验：输入小数、0、负数、汉字、英文、字符时，程序应存在友好提示。

D. 整数校验：输入小数、汉字、英文、字符时，程序应存在友好提示。

E. 小数校验：查看设计文档中对小数的位数是否有限制。

F. 数字首个字符为 0 时，如输入 "01123"，文本是否显示为 "1123"（此处需要注意数值和编号的区别）。

G. 输入脚本验证：在编辑框中输入脚本语言或者代码后，页面显示是否正常。

② 非数值验证

当不允许直接输入非数值类型数据时，通过 Paste(粘贴) 等尝试输入，并查看是否可以提交，如果无法提交，程序应给出友好提示。

③ 字符类型

A. 必填项验证：如果未输入必填项，程序是否会有错误提示。如果在必填项处输入空格，查看设计文档中是否允许文本值为 null，如果不允许，则程序是否存在友好提示。

B. 字段唯一验证：如果是唯一字段，则查看设计文档，当新增字段时，输入重复的字段，检测程序是否通过验证、是否存在友好提示；当修改字段时，录入重复的字段，检测程序是否通过验证、是否存在友好提示。

C. 特殊字符验证：查看设计文档，是否允许输入空格、数字、字符、下画线、单引号等特殊字符的组合，在输入逗号（ , ）、顿号（ 、）等半角符号时，页面是否提示用户只允许输入全角符号信息，查看是否存在友好提示。

D. 字段长度验证：最小字符验证，查看设计文档中有无最小字符设定，当超出最小字符时，程序是否存在友好提示；最大字符验证，查看设计文档中有无最大字符设定，当超出最大字符时，程序是否存在友好提示。

E. 中文字符处理：在可以输入中文字符的地方输入中文字符，查看是否允许输入繁体字，如果输入了繁体字，查看是否出现乱码。

F. 多行文本验证：回车校对，是否允许输入换行符、保存后能否显示输入时的样式、只输入换行符是否正确、能否正确保存，若不能查看，则是否有提示；空格校对，只输入空格是否正确，能否正确保存，若不能正确保存，是否有提示。

④ 特定格式类型

A. 日期格式验证（如果日期存在编辑功能，则需要校验）。

日期校验包括：输入最小天数 −1，程序是否验证日期格式，是否存在友好提示；输入最大天数，程序是否验证日期格式、是否存在友好提示；根据月份 [2、4、6、9] 输入最

大天数 +1，程序是否验证日期格式，是否存在友好提示。

月份校验包括：输入最小月份 −1，程序是否验证月份格式，是否存在友好提示；输入最大月份 +1，程序是否验证月份格式、是否存在友好提示。

年份校验包括：查看设计文档，若为非闰年，月输入 [2]、日输入 [29]，程序是否验证年份格式、是否存在友好提示；查看设计文档，若为闰年，月份输入 [2]、日输入 [30]，程序是否验证年份格式，是否存在友好提示。

格式检查：查看设计文档，检查日期格式的合法性。例如，2020−05−28、2020/5/28、20200528、2020.05.28、05/28/2020 等。

B. 时间格式验证（如果时间存在编辑功能，则需要校验）。

时间校验包括：当输入 [24] 时，程序是否验证时间格式，是否存在友好提示；输入 [60] 分，程序是否验证时间格式、是否存在友好提示；输入 [60] 秒，程序是否已验证时间格式、是否存在友好提示。

格式检查：不合法格式，如"12:30："“1:3:0”等。

C. 文本 E-mail 格式、邮编、电话、证件验证。

E-mail 验证：查看设计文档有无标准的 E-mail 格式设定、程序是否验证 E-mail 格式、是否存在友好提示。

邮编验证：查看设计文档有无标准的邮编格式设定，程序是否验证邮编格式、是否存在友好提示。

电话验证：查看设计文档有无标准的电话格式设定，程序是否验证邮编格式，是否存在友好提示。

证件验证：查看设计文档有无标准的证件格式设定，程序是否验证证件格式，是否存在友好提示。

（3）单选按钮（Radio Button）

单选按钮验证包括：一组单选按钮只允许选中一个；一组单选按钮在执行同一功能时，初始状态必须有默认值，不能为空，如选择男女单选按钮，在页面初始时，必须有一个默认值，执行每个单选按钮的功能。

（4）按钮（Button）

按钮验证包括：单击按钮，正确响应，查看设计文档，根据文档需求验证，如单击某个按钮弹出窗体，单击"取消"，窗体关闭；输入异常的按钮验证，如文本输入值为 null，按钮提示异常状态；验证按钮提交状态，如单击按钮提交页面数据并关闭页面窗体。

（5）复选框（Check Box）

复选框控件的测试包括以下 3 种。

复选框被同时选中验证。查看设计文档需求是否允许选中多个框体，如果允许选中多个框体，查看控件状态，执行选中复选框的功能；查看设计文档需求是否允许选中部分框体，如果允许选中部分框体，查看控件状态，执行选中复选框的功能；查看设计文档需求是否只允许单选，如果只允许单选，查看控件状态，执行选中复选框的功能，并尝试选中多个框体，查看程序状态是否报错。

复选框不被选中验证。查看设计文档需求，并查看复选框不被选中的状态，如必须选中，检查程序是否存在友好提示。

复选框被选中后验证。选中复选框后，查看控件状态，检查执行选中复选框的功能是否正确。

（6）组合列表框（Combination List Box）

① 数据条目显示验证：查看设计文档中的设定，查看数据的显示条目是否正确。

② 数据输入验证：查看设计文档的设定是否允许输入数据，如果允许输入数据，应验证功能是否正确；查看是否允许输入其他格式的数据，如果不允许，查看程序是否给出友好提示。

③ 功能验证：查看设计文档，逐一执行列表框每条数据的功能，查看功能是否正确。

组合列表框如图 10–14 所示。

（7）列表框控件（List Box）

① 数据条目显示验证：查看设计文档中的设定，查看数据显示数目是否符合设计需求；根据需求设计，需要知道列表框的数据来源，通过测试修改数据来源，查看数据列表的数据是否变化，检查程序的正确性。

② 数据显示验证：查看设计文档中的设定，当数据数目较多时，是否存在滚动条显示状态和分页情况。

图10–14　组合列表框

③ 数据选择验证：查看设计文档中的设定，当列表框允许多选时，使用 <Shift> 键和 <Ctrl> 键测试选中后的情况。

（8）滚动条控件（Scroll Bar）

① 滚动条拖动验证：拖动滚动条时，查看屏幕刷新情况，查看是否存在乱码。

② 单击滚动条验证：单击滚动条，查看滚动条的滚动状态。

③ 单击滚动条按钮验证：单击滚动条按钮，查看滚动条状态。

④ 窗体混合使用滚动条验证：窗体中混合使用滚动条，查看滚动条状态。

（9）密码框（Password Field）

① 密码框长度验证：查看设计文档中密码框显示长度验证规则，如果输入字符的长度超出设定的长度或字符长度不够，查看程序是否给出友好提示。

② 密码框输入验证：查看设计文档中密码框输入字符格式的验证规则，当输入不符

合要求的字符时，查看程序验证是否给出友好提示；查看设计文档中密码设定格式，使用 Paste（粘贴）等尝试输入并查看是否可以提交，如果无法提交，程序应给出友好提示。

③ 密码显示验证：查看设计文档中密码显示设定，查看密码框显示格式是否正确。

（10）时间控件（Time Control）

① 查看设计文档中时间格式设定，验证时间的显示格式。

② 查看设计文档中的设定是否允许输入时间，验证输入的时间格式，如果输入格式不符合要求，应给出友好提示：格式不正确。

③ 查看设计文档中时间间隔设定，比较两个时间段。验证开始时间和结束时间，结束时间应在开始时间之后。

如果开始时间选择 07:35，结束时间选择 07:30，这种情况应给出友好提示：选择时间错误。

日期时间界面如图 10-15 所示。

（11）日期控件（Calendar Control）

① 日期格式验证：查看设计文档日期格式设定，验证日期显示格式。查看设计文档日期格式设定是否允许输入日期，如果输入的日期格式不符合文档要求，程序应给出友好提示。比如文档要求格式为 2020/06/04，实际输入格式为 2020-06-04，查看程序是否会将其自动转换为文档要求的格式，如果不可以自动转换，系统应提示：输入时间格式错误。

图10-15 日期时间界面

② 日期时间段设定，验证两个日期的值，如开始日期为 2020-06-05，结束日期为 2020-06-03，验证开始日期和结束日期，结束日期必须大于开始日期，如果不符合，系统应提示：时间选择错误。查看设计文档需求，输入日期，如果输入格式不正确或输入非日期格式字符，查看程序是否会将其自动转换为文档要求的格式，如不转换或不允许输入非日期格式字符，系统应提示：输入格式错误，请重新输入。

③ 月控件（Month Control）：查看设计文档日期格式设定，验证月份显示格式。查看设计文档日期格式设定是否允许输入月份、输入月份格式是否符合设计文档的要求，如文档要求输入格式为 2020-6，实际输入格式为 2020/6，查看程序是否会将其自动转换为文档要求的格式，如果不能转换或不允许输入非月份格式字符，系统应提示：输入月份格式错误，请重新输入。

④ 月份时间段设定。验证两个月份：如开始月份为 2020-06，结束月份为 2020-05，验证开始月份和结束月份，开始月份必须小于结束月份。查看设计文档要求，如允许输入月份，而输入月份的格式不正确或输入非月份格式字符，查看程序是否会将其自动转换为文档要求的格式，如果不能转换或不允许输入非月份格式字符，系统应提示：输入月份格式错误，请重新输入。

（12）文本编辑控件（Text Editor）

文本编辑框和文本框的区别在于，文本编辑框主要用于用户输入较长的字符并查看。查看设计文档文本编辑框字符允许长度，验证文本长度；查看设计文档文本编辑设定格式是否允许为空，如果不允许，应给出友好提示；查看设计文档文本编辑设计格式，验证文本输入格式；查看设计文档文本编辑设定是否存在不允许输入的字符，如果存在，系统应根据设计文档给出友好提示。先复制一个特殊字符，再利用 <Ctrl+V> 组合键输入不允许输入的字符，查看系统是否给出友好提示；按 <Enter> 键、空格键后，查看焦点是否被转移；输入特殊字符，查看文本编辑框的显示状态。

（13）树形控件（Tree Control）

A. 查看设计文档需求是否允许控件编辑，如果允许，验证控件的添加、编辑、删除功能。

查看设计文档，根据文档需求添加文档节点，如果添加格式不正确或未选中待添加的节点添加数据，应给出友好提示。

查看设计文档，根据文档需求编辑文档节点，如果编辑格式不正确，应给出友好提示。

查看设计文档，根据文档需求删除文档节点，如果删除格式不正确或未选中待删除的节点删除数据，应给出友好提示。

B. 查看设计文档需求，查看树形控件显示格式。

树形控件界面如图 10-16 所示。

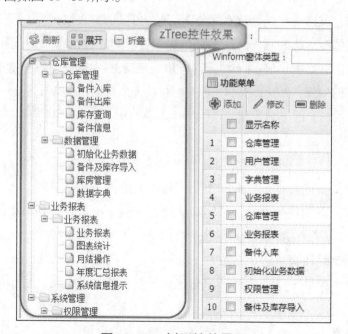

图10-16　树形控件界面

（14）可编辑表格控件（Edit Grid）

查看设计文档，验证控件添加、编辑功能。验证添加数据的格式、编辑数据的格式；

数据编辑成功后，查看程序是否验证；删除数据，查看数据的显示格式是否正确。

查看设计文档，验证表格控件编辑和显示格式是否正确。

2. 页面元素边界测试

边界测试包括页面清单是否完整（是否已经将所需要的页面全部都列了出来）、页面特殊效果（特殊字体效果、动画效果）、页面菜单项总级数是否超过了三级。

（1）边界测试需要注意的测试关键点

操作项为空、非空还是不可编辑；操作项的唯一性；字符长度、格式；数字、邮政编码、金额、电话、电子邮件、ID 号、密码；日期、时间；特殊字符（对数据库）：英文单、双引号、& 符号。

（2）页面元素的注意点

实现功能需要列出的按钮、单选按钮、复选框、列表框、超链接、输入框等；页面元素的文字、图形、签章是否能正确显示；页面元素的按钮、列表框、输入框、超链接等外形和摆放位置是否美观一致；页面元素的基本功能，如文字特效、动画特效是否能实现，按钮、超链接是否能发挥作用。

（3）表格测试点

验证表格是否设置正确（如是否只允许输入数字等验证提示信息）；表格细节信息是否正确（如产品价格信息，多行价格合计、删除某一行的价格合计是否正确，是否可以调整表格栏的宽度、表格文字是否存在折行）；是否可以调整表格列宽，设置对应的显示列信息是否正确（如在"待处理任务"中设置是否显示"流程状态"，流程状态列是否显示正常，流程状态信息是否正确）；检查删除功能：在表格中选择可以一次删除多个信息的位置，不选择任何信息，按 <Delete> 键，查看系统是否给出提示；选择一个和多个信息分别删除，查看系统能否正确处理。

（4）翻页功能测试

首页、上一页、下一页、尾页验证：在有数据时，控件的显示情况；在无数据时，控件的显示情况；在首页时，首页和上一页是否可单击；在尾页时，下一页和尾页是否可以单击；在非首页和非尾页时，按钮功能是否正确；翻页后，列表中的记录是否按照指定的顺序进行排序；总页数是否等于总的记录数 / 指定每页显示的条数；当前页数显示是否正确；指定跳转页跳转是否成功；输入非法页数时，是否给出提示信息；是否存在默认的每页显示条数；是否允许用户自定义显示条数，设定后，显示的条数和页数是否正确。

3. 权限的检查

网页中的权限检查就是测试镶嵌在网页中的用户登录控件，包含用户名和密码输入框，如图 10-17 所示。

（1）菜单权限检查：选取有代表性的用户登录后，显示的菜单是否和设计的一致。

（2）功能权限检查：不同类型的用户或在不同的阶段打开同样的页面时，页面提供的功能是否和设计的一致。

（3）数据权限检查：页面显示的数据是否和设计的一致。

（4）同一用户是否允许在多个终端上同时登录系统（根据具体需求而定）。

▶▶ 10.4　布局与设计的测试

网页是构成网站的基本元素。当我们轻点鼠标，在网海中遨游时，一个个精彩的网页会呈现在我们面前。影响网页视觉效果的因素有很多，包括色彩的搭配、文字的变化、图片的处理等，除了这些因素，还有一个非常重要的因素——网页的布局。

图10-17　登录界面

10.4.1 ▶▶▶ 网页布局样式

网页布局直接影响网站展现的效果，软件测试人员要站在用户的角度去检测网站的布局设计缺陷，以达到最好的视觉效果，如图 10-18 所示。

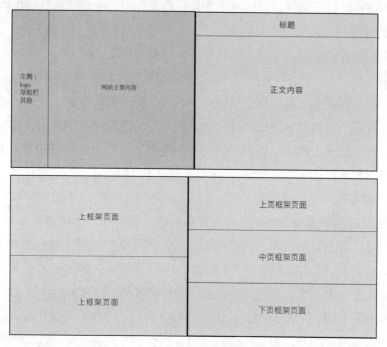

图10-18　常见B/S系统的页面布局

图10-18　常见B/S系统的页面布局（续）

常见的网站布局类型如下。

1. "国"字形

"国"字形也可以称为"同"字形，是设计一些大型网站常用的类型，即最上面是网站的标题及横幅广告条，下面是网站的主要内容，左右两条分列一些内容，中间是网站的主要部分，与左右两条一起罗列到底，最下面是网站的一些基本信息、联系方式、版权声明等。这是最常见的网页结构。

2. 拐角型

拐角型结构与"国"字形结构只是在形式上有区别，二者其实很相似。拐角型网页的最上面是标题及广告横幅，左侧是一窄列链接等，右侧是很宽的正文，最下面是一些网站的辅助信息。这种结构的网站常采用最上面是标题及广告、左侧是导航链接的布局。

3. 标题正文型

标题正文型网页的布局为：最上面是标题，下面是正文。

4. 封面型

这种类型的布局基本上出现在一些网站的首页，页面大部分由一些设计精美的平面和一些动画，以及几个简单的链接或者仅一个"进入"的链接（甚至直接在首页的图片上设置链接而没有任何提示）构成。这种类型的布局大部分用于企业网站和个人主页，如果处理得好，会给人带来赏心悦目的感觉。

5. "T"结构布局

"T"结构布局就是指网页的上面和左面相结合，页面顶部为横条网站标志和广告条，左下方为主菜单，右面显示内容，这是网页设计中用得最广泛的一种布局方式。在实际设计中还可以改变"T"结构布局的形式，如左右两栏式布局，即一半是正文，另一半是形象的图片、导航；正文不等两栏式布局，通过背景色区分，分别放置图片和文字等。

"T"结构布局有其固有的优点，因为人们的注意力主要在右下角，所以企业想要发布给用户的信息大都能被用户以最大可能性获取，而且很方便。此外，这样的布局页面结构清晰、主次分明、易于使用。"T"结构布局的缺点是规矩呆板，如果细节色彩上不注意，很容易让用户产生乏味感。

6. "口"字形布局

这是一个形象的说法，指页面上、下各有一个广告条，左边是主菜单，右边是友情链接等，中间是主要内容的布局。

"口"字形布局的优点是页面充实、内容丰富、信息量大，是综合性网站常用的版式，特别之处是顶部中心的一排小图标有活跃气氛的作用。"口"字形布局的缺点是页面拥挤，不够灵活。

还有将四边空出，只利用中间的窗口型设计，例如，网易壁纸站使用多帧形式，只有页面中央部分可以滚动，界面类似游戏界面。此类版式多为游戏娱乐性网站使用。

7. "三"字形布局

这种布局多用于国外网站。其特点是页面上横向有两条色块，将页面整体分割为 4 个部分，色块中大多放广告条。

8. 对称对比布局

顾名思义，对称对比布局是指采取左右对称或者上下对称的布局，一半深色，一半浅色，一般用于设计型网站。其优点是视觉冲击力强，缺点是实现两部分的有机结合会比较困难。

9. POP 布局

POP 源自广告术语，指页面布局像一张宣传海报，以一张精美图片作为页面的设计核心。这种布局常用于时尚类网站。

10.4.2 ▶▶▶ 网页布局测试

网站页面布局的测试遵循以下原则。

1. 页面内容新颖

网页内容的选择应不落俗套，要重点突出一个"新"字，这个原则要求我们在设计网站内容时不能抄袭，要结合自身的实际情况开发出独一无二的网站。我们在设计网页时，要把功夫下在选材上。选材要尽量做到"少"而"精"，必须突出"新"。

2. 网页命名简洁

由于一个网站有许多子页面，为了能使这些页面有效地连接起来，用户最后要给这些页面设计一些有代表性而且简洁易记的网页名称。这样既有助于管理网页，也能让网页更容易被用户索引。在给网页命名时，最好使用自己常用的或符合页面内容的小写英文字母，这直接关系到页面的链接。

3. 及时更新

网页制作好后，还需要维护，维护更新的工作是每天都要做的。要及时把网页上已经作废的链接删除掉。若不能及时更新网页，也最好在主页上发布信息，提示用户因有特殊情况需要离开一段时间未能及时更新主页，这样更能得到用户的信任。

4. 注意视觉效果

设计 Web 页面时，一定要在 1024×768 的分辨率下观察一下页面。尽管在 1280×1024 高分辨率下一些 Web 页面看上去很具有吸引力，但在 1024×768 分辨下可能会黯然失色。因此，尽量设计一个在不同分辨率下都能正常显示清楚的网页。

5. 随时注意网站升级

时刻注意网站的运行状况。性能很好的主机随着访问人数的增加可能会运行缓慢。因此，做好升级计划。

6. 网页内容易读

网站设计最重要的诀窍是网页内容易读。这就意味着，你必须花心思来规划文字与背景颜色的搭配方案。注意背景的颜色不能冲淡文字的视觉效果。一般来说，浅色背景搭配深色文字为佳，同时要求文字不能太小，也不能太大。另外，文本应左对齐，而不是居中。标题应该居中，因为这符合读者的阅读习惯。

7. 善用表格布局

应多用表格突出网站内容的层次性和空间性，这会使用户一眼就能看出你的网站，重点突出、结构分明。

8. 少用特殊字体

虽然可以在 HTML 中使用特殊的字体，但是很难预测访问者在他们的计算机上将看到什么。在你的计算机里看起来相当好的页面，在另一个不同的平台上看起来可能非常糟糕。一些网站设计员喜欢使用特殊字体来定义特性，但是仍需要一些变通的方法，以免所选择的字体在访问者的计算机上不能显示。级联样式表（CSS）有助于解决这些问题，但是只有最新版的浏览器才支持 CSS。

9. 多学习和使用 HTML

为了成功地设计网站，理解 HTML 如何工作是十分必要的。大多数的网站设计者建议网络新手从有关 HTML 的书中去寻找答案，用 Notepad 制作网页。用 HTML 设计网站可以控制设计的整个过程。但是，如果你仅仅是网站设计的新手，那么应该寻找一个允许修改 HTML 的软件包。HomeSite4 是一个很好的 Web 设计工具。在设计过程中，HomeSite4 能帮助你学习 HTML。它还能切换到所见即所得的模式，以便设计者在把网站发送到 Web 之前，可以预览网站。

10. 尽可能少地使用 Java 程序

如果能够用 JavaScript 替代 Java，则尽量不要使用 Java。因为目前 Java 的运行速度很慢，浏览者往往没有耐心等页面全部显示出来。

11. 减少网站地图

许多设计者将他们自己的网站地图放在网站上，这种做法弊大于利。绝大部分访问者上网是为了寻找一些特别的信息，他们对于网站是如何工作的并没有兴趣。如果你觉得网站需要地图，那么应该改进导航和工具条的设计。

12. 为图片附加注释文字

给每个图片加上文字说明，让访问者在图片出现之前就可以看到相关内容，尤其是导航按钮和大图片更应该这样设计。这样，用户在访问站点时就会产生一种亲切的感觉。

13. 增加网站介绍

一个简单明了的网站介绍，不仅能让访问者了解网站的功能，还能使访问者快速找到想要的信息。有效的导航条和搜索工具使人们更容易找到有用的信息，这对访问者而言很重要。

14. 考虑浏览器的兼容性

虽然现在 IE 所占的市场份额越来越大，但是我们仍然需要考虑 Netscape 和 Opera 等浏览器的用户。要考虑设计的风格，如色彩的搭配，图形、线条的使用等；要时刻为用户着想，应至少在几种不同类型的浏览器下测试网站，以了解兼容性如何。

15. 不宜多用闪烁文字

有的设计者想通过闪烁的文字来引起访问者的注意，但一个页面中最多只能有 3 处闪烁文字，以免影响用户访问该网站的其他内容。

16. 设计导航按钮

应当避免强迫用户使用工具栏中的向前和向后按钮。网页设计应当使用户能够快速地找到他们需要的内容。绝大多数好的站点在每一页同样的位置上都有相同的导航条，使浏览者能够在每一页访问网站的任何部分。

17. 避免长文本页面

在一个站点上有许多只有文本的冗长页面，这种冗长的页面不但令人感到乏味，而且为了阅读这些长文本，用户不得不使用卷滚条，从而浪费了"网上冲浪"的时间。如果设计者有大量的基于文本的文档，应当以 pdf 格式的文件形式来放置，以便访问者能离线阅读，从而节省时间。

18. 网页风格要统一

网页上所有的图像、文字，包括背景颜色、区分线、字体、标题、注脚等，要统一风格。这样会给用户带来舒适、顺畅的访问体验。

19. 最多只用一个动画

很多人喜欢用图像交互格式（GIF，Graphics Interchange Format）动画来装饰网页，这种图像的确具有较大的吸引力，但应该尽量选择静止的图片，因为它们的容量比 GIF 动画要小得多。

20. 善用图像

用户在网上漫游，设计者必须设法吸引他们对网站主页的注意力。万维网的一项重要资源是其多媒体能力，所以我们无论如何要善于吸引用户的注意力。主页上最好有醒目的图像、新颖的画面、美观的字体，使主页别具特色，令人过目不忘。图像的内容应有一定的实际作用，切忌虚饰浮夸。需要注意的是图画可以弥补文字的不足，但并不能够完全取代文字。很多用户把浏览软件设定为略去图像的模式，以求节省时间。因此，制作主页时，必须注意将图像所链接的重要信息或链接其他页面的指示用文字重复表达几次，同时要注意避免使用过大的图像。如果不得不在网站上放置大图像，最好使用 Thumbnails 软件，把缩小版本的图像的预览效果显示出来，这样用户就不必下载他们根本不想看的大图像了。

21. 网站导航要清晰

清晰无误地向读者标识所有超链接，具有导航性质的设置（如图像按钮）都要有清晰的标识。链接文本的颜色最好采用约定俗成的颜色：未访问的用蓝色；单击过的用紫色或栗色。总之，文本链接一定要和页面的其他文字有所区分，以为读者提供清楚的导向。

22. 不使用计数器

由于计数器也是由程序设计的，显示计数器的过程其实就是在执行一个程序的过程，它需要占用用户宝贵的上网时间，况且大多数浏览者认为计数器毫无意义。因此，笔者建议不要轻易考虑使用计数器。

23. 不能忽视错别字

一个高质量的网站绝不会出现拼写错误。因此，应确保拼写正确，并且格外注意平常容易误写的错别字，要时时刻刻保持一种严谨的科学态度。

24. 不要使用框架

与计数器一样，框架在网页上越来越流行。在大多数网站上，屏幕的左边设有一个框架。但是使用框架会产生许多问题。例如，使用框架时如果没有17英寸（1英寸 ≈ 2.54厘米）的显示屏，几乎不可能显示整个网站；框架也使网站内的个人主页不能设置为书签；并且搜索引擎容易与框架混淆，从而不能列出你的网站。

25. 使用知名的插件

如果网站上有音频或视频，要保证访问者通过使用某个知名的插件能够听到或看到相关内容。如果访问者没有所要求的插件，将不得不到其他站点去下载，这样访问者有可能就不会再访问此网站了。许多站点使用 QuickTime、RealPlayer 和 Shockwave 插件。因为许多访问者并不愿意浪费很多时间和金钱去下载可能仅使用一次的插件。

26. 具有交互功能

一个静态网页始终给人一种呆板的感觉，缺少活力。最好在网站上提供一些回答问题的工具以及其他具有交互性能的设计，使访问者能从网站上获得交互的信息，从而获得一种参与网络建设的新鲜感和成就感。

≫ 10.5 本章小结

本章重点介绍 UI 测试的目的、内容与方法，测试重点在于根据各开发公司的 UI 设计规范和遵循的标准进行测试。UI 测试包含页面布局测试、C/S 架构与 B/S 架构软件的控件测试，读者应熟悉各种类型的被测软件所含的控件。

▶▶ 10.6　本章习题

一、单选题

1. 下列哪个不属于网页中的权限检查？（　　　）

　　A. 菜单权限　　　　B. 功能权限　　　　C. 数据权限　　　　D. 密码权限

2. "在 App 被测软件的页面中，标签栏中被选中的图标没有显示为彩色，区别于其他非选中的图标"，这属于用户界面（　　）的 Bug。

　　A. 符合标准和规范　　　　　　B. 灵活性

　　C. 舒适性　　　　　　　　　　D. 正确性

3. 在 Windows 平台上的一个被测软件支持的复制操作快捷键是 <Ctrl+P>，这属于用户界面（　　）的 Bug。

　　A. 灵活性　　　　B. 舒适性　　　　C. 正确性　　　　D. 一致性

4. 下列不属于界面易用性原则的是（　　　）。

　　A. 完成相同或相近功能的按钮用 Frame 框起来或对齐显示

　　B. 完成同一功能或任务的元素放在集中位置，缩短鼠标移动的距离

　　C. 默认按钮要支持 Enter 操作，即按 <Enter> 键后自动执行默认按钮对应操作

　　D. 各子窗体弹出时应该依次向右下方偏移，以显示出窗体标题为宜

5. "前景与背景色搭配合理协调，反差不宜太大，最好少用深色，如大红、大绿等"，这属于描述界面中的（　　）原则。

　　A. 易用性　　　　B. 合理性　　　　C. 美观与协调性　　　　D. 独特性

6. 在 Windows 系统中，<Ctrl+Z> 是（　　　）操作的快捷键。

　　A. 全选　　　　B. 撤销　　　　C. 剪切　　　　D. 复制

二、多选题

1. 网页布局样式有哪些？（　　　）

　　A. "国"字形　　　B. "T"结构　　　C. "凹"字形　　　D. "口"字形

2. 用户界面测试包括（　　　）。

　　A. 用户界面的功能模块的布局是否合理

　　B. 整体风格是否一致，各个控件的放置位置是否符合用户的使用习惯

　　C. 界面中文字是否正确，命名是否统一

　　D. 页面是否美观，文字、图片组合是否完美

3. UI 测试中的文本测试主要检查文本的内容与格式的（　　　）。

　A. 正确性　　　　　B. 完备性　　　　　C. 可理解性　　　　　D. 一致性

4. 关于网站页面布局的测试原则，描述错误的是（　　　）。

　A. 页面内容要新颖　　　　　　　　B. 各个页面无须都有导航按钮

　C. 善用表格来布局　　　　　　　　D. 考虑浏览器的兼容性

三、判断题

1. 软件产品由可运行的程序、数据和文档组成。（　　　）

2. 非代码的文档测试主要检查文档的正确性、完整性和可理解性。（　　　）

3. 流行的界面风格有 3 种：多窗体、单窗体以及资源管理器风格。（　　　）

4. 菜单通常采用"常用—主要—次要—帮助—工具"的位置排列，符合流行的 Windows 风格。（　　　）

5. 非法的输入或操作不需要进行提示说明。（　　　）

四、简答题

1. 简述 UI 测试的定义。

2. 简述文本框的测试要点。

3. 描述被测系统界面中文本测试的测试点。

4. 在 B/S 架构系统中，页面上常见的元素有哪些？

第 11 章

兼容性测试

20 世纪 90 年代中期，计算机在日常生活、工作、学习、科研中逐渐普及，从一个在象牙塔里的计算设备到大众离不开的办公娱乐设备，计算机硬件及软件的飞速发展前所未有。在硬件不断推陈出新、软件逐步升级换代的过程中，兼容性一直是软件测试人员面临的巨大难题。那么如何保证软件及硬件之间的兼容性，以及用户在使用计算机时软件、硬件不会出现故障？我们需要利用兼容性测试方法来找出问题、解决问题。

① 熟悉计算机硬件、软件的兼容性概念。
② 掌握操作系统、浏览器、移动终端、手机应用软件的兼容性测试方法。
③ 掌握数据兼容性测试和常用软件的兼容性测试方法。

>> 11.1 平台兼容性测试

11.1.1 ▶▶ PC 端操作系统版本兼容性测试

由于软件开发技术的限制及各种操作系统之间存在着巨大的差异，目前大多数商业软件并不能实现理想的平台无关性。如果该软件承诺可以在多种操作系统上运行，那么我们需要测试它与操作系统的兼容性。对于多层体系结构的软件，要分别考虑前端和后端操作系统的可选择性。

操作系统兼容性测试的内容不仅包括安装测试，还包括对关键流程的检查。哪些操作系统的兼容性需要测试，这首先取决于软件用户文档对用户的承诺，其次取决于平台，需要考虑以下几个问题。

1. Windows 平台

随着微软对 Windows 平台的不断升级，对于上一代操作系统，如 Windows 95、Windows NT4、Windows XP，除非有特殊需求，否则一般都不再做出支持承诺，一些软件甚至不对 Windows Vista 进行承诺。对于 B/S 结构的客户端，至少需要在 Windows 7、Windows 8、Windows 10 上进行测试，且要分别在英文版和中文版系统中测试，在英文版操作系统上测试中文版软件时，要特别注意是否会出现英文信息或乱码字符，在中文版操作系统上测试英文版软件时，注意是否存在提示文字不能完全显示的现象。测试前要保证测试环境中所有的补丁都已安装，在用户文档中也应给出提示。如果有必要进行更严格的测试，则可以增加对不同版本补丁的兼容性测试。

2. Linux 平台

Linux 作为自由软件，其核心版本是唯一的，而发行版本则不受限制。从 RedHat、TurboLinux、CentOS 到国内的中科红旗、中软国际等，版本之间存在着较大的差异。因此不能简单地说被测软件是支持 Linux 的，测试也不能只在 RedHat 最新发行的版本上进行，需要对多个发行商、多版本进行测试，用户文档中的内容应明确至发行商和版本号，不能笼统地描述为支持 Linux 平台。

3. UNIX 平台

与 Linux 平台一样，UNIX 平台也存在 Solaris、IBM、HP 等多厂商的多版本，不过在这些 UNIX 平台上的软件往往需要重新编译才能运行，所以只需按软件的承诺选择测试环境即可。

4. Macintosh

Macintosh 系统常用来运行图形专用软件。对于 Web 站点也需要进行 Macintosh 系统的测试，有些字体在这个系统下可能不存在，因此，需要确认选择了备用字体。

11.1.2 ▶▶ PC 端浏览器兼容性测试

浏览器是 Web 客户端最核心的构件，被测软件的客户端能否使用 Netscape、Internet Explorer 进行浏览呢？有些 HTML 标签或脚本只能在某些特定的浏览器上显示。应当确认图片有相应替代的文字，因为可能会有用户使用文本浏览器。如果使用了 SSL 安全特性，则需要关注浏览器的版本，因为旧版本可能不支持 SSL，应对旧版本的用户给出相关的提示信息。

来自不同厂商的浏览器可分别支持 Java、JavaScript、ActiveX、plug-ins 或不同版本的 HTML。例如，ActiveX 是 Microsoft 的产品，是为 Internet Explorer 设计的；JavaScript 是 Netscape 的产品；Java 是 Oracle 的产品等。另外，框架和层次结构在不同的浏览器中有不同的显示，也可能无法显示。不同的浏览器对安全性和对 Java 的设置也不一样。

测试浏览器兼容性的一个方法是创建一个兼容性矩阵，在这个矩阵中，测试不同厂商、不同版本的浏览器对某些构件和设置的适用性。浏览器兼容性测试记录如表 11-1 所示。

表11-1　浏览器兼容性测试记录

	Applet	JavaScript	ActiveX	VBScript
Internet Explorer 8.X				
Internet Explorer 9.X				
Internet Explorer 10.X				
Internet Explorer 11.X				

11.1.3 ▶▶ 手机端自适应测试

对于跨平台的软件系统，当需要 PC 端与手机端一起支持时，就会出现一个问题：如何才能使 PC 端的网页在手机上正常显示？

PC 端与手机设备的屏幕尺寸有很大的差异，会造成同样的内容在手机上与 PC 端出现两种不同的显示结果。在不同型号的手机设备中，屏幕显示的尺寸、分辨率有很大的不同。为了使不同的手机设备与 PC 端都能为用户呈现出满意的网页效果，研发人员会采用一些技术方法，实现手机端屏幕自适应。例如，H5 移动端页面实现自适应普遍使用的方法，即使用 meta 标签 viewport。viewport 是用户网页的可视区域，可译为"视区"。手机浏览器是把页面放在一个虚拟的"窗口"（viewport）中，通常这个虚拟的"窗口"比屏幕宽，这样就不用把每个网页挤到很小的窗口中（以免破坏没有针对手机浏览器进行优化的网页的布局），用户可以通过平移和缩放来看网页的不同部分。理论上，使用这个标签可以使网页适应所有尺寸的屏幕，但是不同设备对该标签的解释方式及支持程度不同，此标签并不能兼容所有浏览器或系统，所以需要进行测试，确保不同手机上网页的呈现效果可以令用户满意。如图 11-1 所示，网页在手机端的显示效果不理想，左右区域背景色不同，标题部分也只显示了一半。

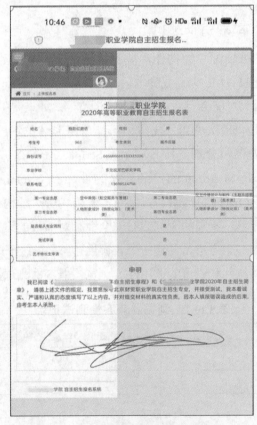

图11-1　手机端屏幕自适应显示Bug

如果软件支持手机端横屏竖屏切换的功能，则要查看网页从布局到显示效果上是否合理正确。例如，某版 App 从竖屏切换为横屏时，出现了只显示半个界面的 Bug，如图 11-2 所示。

图11-2　手机端屏幕与横竖屏切换有关的自适应显示Bug

11.1.4 ▶▶ App 兼容性测试

智能手机时代，每个人的手机上需要安装各种各样的第三方 App 软件。App 软件兼容性测试，需要考虑操作系统与版本的兼容、手机品牌与型号的兼容、数据兼容以及手机常用软件之间的兼容。下面讲解操作系统与版本的兼容、手机品牌与型号的兼容以及与手机常用软件之间的兼容。

1. 操作系统与版本的兼容

目前主流的手机端操作系统是 Android 系统与 iOS，如果被测 App 软件产品需要开发 Android 与 iOS 两个平台的版本，那么需要在这两个平台上展开测试，选择合适的系统版本（Android 11 或 iOS 10.0），主流的 Android 版本有 JellyBean（果冻豆）、KitKat（奇巧巧克力棒）、Lollipop（棒棒糖）等。此外，我们还需要考虑品牌、机型或运营商等，以确定需要在哪些型号的手机上进行兼容性测试。

在测试的过程中，要关注 Android 系统和 iOS 的一些区别，例如，已经上线的 App，在 iOS 中需要在 App Store 中进行搜索、下载；Android 系统中有自己的"应用市场"，也支持通过安装文件进行安装。

2. 手机品牌与型号的兼容

iOS 容易确认需要兼容的机型，因为只有苹果公司的 iPhone 使用 iOS，流行的机型有限。而 Android 系统的手机品牌多，机型也多，测试的机型在规模上有所不同。通用的兼容性测试一般覆盖用户量排名前 100 ~ 300 位的机型，小众机型或者老旧机型的用户量非常小，是否需要覆盖这两种机型则需要权衡。某测评公司给出的手机兼容性测试的机型如

图 11-3 所示。

品牌	型号	系列	屏幕尺寸	主屏分辨	RAM运	ROM内存	CPU	芯片	安卓版本	网络定制
小米	CC9（1）	M1904F3BC	6.39寸	2340*1080	6GB	64GB可拓展	8核	骁龙710	10	双卡全网通5.0
小米	CC9（1）	M1904F3BC	6.39寸	2340*1080	6GB	64GB可拓展	8核	骁龙710	9	双卡全网通5.0
小米	CC9美图定制版（1）	M1904F3BT	6.39寸	2340*1080	8GB	256GB不可拓展	8核	骁龙710	9	双卡全网通5.0
小米	CC9美图定制版（2）	M1904F3BT	6.39寸	2340*1080	8GB	256GB不可拓展	8核	骁龙710	9	双卡全网通5.0
小米	CC9E	M1906F9SC	6.088寸	1560*720	6GB	64GB可拓展	8核	骁龙665	9	双卡全网通5.0
小米	CC9 Pro	M1910F4E	6.47寸	2340*1080	6GB	128GB不可拓展	8核	骁龙730G	9	双卡 全网通4G
小米	MI10青春版（5G）	M2001J9E	6.57寸	2400*1080	6GB	64GB不可拓展	8核	骁龙765G	10	双卡 全网通5G
小米	MI10（5G）-1	M2001J2C	6.67寸	2340*1080	8GB	128GB不可拓展	8核	骁龙865	10	双卡 全网通5G
小米	MI10（5G）-2	M2001J2C	6.67寸	2340*1080	8GB	128GB不可拓展	8核	骁龙865	10	双卡 全网通5G
小米	MI10（5G）-3	M2001J2C	6.67寸	2340*1080	8GB	128GB不可拓展	8核	骁龙865	10	双卡 全网通5G
小米	MI10（5G）-4	M2001J2C	6.67寸	2340*1080	8GB	128GB不可拓展	8核	骁龙865	10	双卡 全网通5G
小米	MI10 pro（5G）-1	M2001J1C	6.67寸	2340*1080	8GB	256GB不可拓展	8核	骁龙865	10	双卡 全网通5G
小米	MI10 pro（5G）-2	M2001J1C	6.67寸	2340*1080	8GB	256GB不可拓展	8核	骁龙865	10	双卡 全网通5G
小米	MI NOTE LTE(1)	2014616	5.7寸	1920*1080	3GB	16GB不可拓展	4核		6.0.1	双卡 双4G
小米	MI NOTE LTE(2)	2014616	5.7寸	1920*1080	3GB	16GB不可拓展	4核		4.4.4	双卡 双4G
小米	MI NOTE LTE(3)	2014616	5.7寸	1920*1080	3GB	16GB不可拓展	4核		6.0.1	双卡 双4G
小米	MI NOTE Pro	2014618	5.7寸	2560*1440	4GB	64GB不可拓展	8核		7	双卡 双4G
小米	MI NOTE2（1）	2015211	5.7寸	1920*1080	4GB	64GB不可拓展	4核		8	双卡全网通4G
小米	MI NOTE2（2）	2015211	5.7寸	1920*1080	4GB	64GB不可拓展	4核		8	双卡全网通4G
小米	MI NOTE3（1）	MCE8	5.5寸	1920*1080	6GB	64GB不可拓展	8核		7.1.1	双卡全网通4G
小米	MI NOTE3（2）	MCE8	5.5寸	1920*1080	6GB	64GB不可拓展	8核		9	双卡全网通4G
小米	MI Max（1）	2016001	6.44寸	1920*1080	3GB	32GB可拓展	6核		6.0.1	双卡全网通4G
小米	MI Max（2）	2016001	6.44寸	1920*1080	4GB	64GB可拓展	8核		7	双卡全网通4G
小米	MI Max2（1）	MDE40	6.44寸	1920*1080	4GB	64GB可拓展	8核		7.1.1	双卡全网通4G
小米	MI Max2（2）	MDE40	6.44寸	1920*1080	4GB	64GB可拓展	8核		7.1.1	双卡全网通4G
小米	MI Max3（1）	M1804E4A	6.9寸	2160*1080	4GB	64GB可拓展	8核	骁龙636	8.1	双卡全网通4G
小米	MI Max3（2）	M1804E4A	6.9寸	2160*1080	4GB	64GB可拓展	8核	骁龙636	9	双卡全网通4G
小米	MI MIX	2016080	6.4寸	2040*1080	4GB	128GB不可拓展	4核		8	双卡全网通4G
小米	MI MIX2	MDE5	5.99寸	2160*1080	6GB	64GB不可拓展	8核		8	双卡全网通4G
小米	MI MIX2S（1）	M1803D5XE	5.99寸	2160*1080	6GB	64G不可拓展	8核	骁龙845	9	双卡 全网通4G 5.
小米	MI MIX2S（1）	M1803D5XE	5.99寸	2160*1080	6GB	64G不可拓展	8核	骁龙845	9	双卡 全网通4G 5.

< > >| 酷派 HTC OPPO VIVO TCL 小米 魅族 LG 索尼 摩托罗拉 海信 金立 天语

图11-3　手机兼容性测试的机型（部分）

工作量巨大的测试，需要大量的手机资源，一般交给专业的 App 测评机构来实施。除了手工测试，也可以使用 App 自动化测试工具，搭建自动化测试环境来完成巨大的测试工作量。

3. 手机常用软件之间的兼容

手机常用软件之间的兼容是指被测的 App 软件与手机自带的功能及第三方软件之间的兼容。手机自带的功能包括接打电话、发送短信、闹钟设置等。

对于第三方软件，可以参考 App 使用的排行榜、下载量、分类等，确认需要测试的软件。例如，微信、支付宝、饿了么、美团外卖、腾讯视频等都是手机中用户经常使用的软件。测试点可以考虑以下几种情况。

（1）在已经安装这些常用软件的前提下，是否可以成功安装或卸载被测 App 软件。

（2）在已经运行这些常用软件的前提下，是否可以运行被测 App 软件。

（3）在已经安装被测 App 软件的前提下，是否可以成功安装或卸载这些常用软件。

（4）在已经运行被测 App 软件的前提下，是否可以运行这些常用软件。

>> 11.2 数据兼容性测试

1. 不同的数据格式的兼容性

数据兼容是指软件之间能正确地交换和共享信息。制定数据兼容性测试用例时可以参考以下几项内容。

（1）在被测软件与其他程序间复制、粘贴的文字是否正确，包括带格式的文字、表格、图形。

（2）在以前的版本下保存的文件在新的版本中能否被打开；所有的特点是否都能被保留；包含新软件特性的新版本文件在旧系统中能否被打开；新特性在旧版本中将如何表现。

（3）被测软件是否为同一系列软件；被测软件与本系列中的软件以何种形式交互数据。

（4）与同类软件间能否进行数据交换，软件是否提供对其他常用数据格式的支持。例如，办公软件是否支持常用的 Office 或 WPS 等文件格式等。

（5）测试中需要明确业界有没有针对被测软件内容进行数据交换定义的标准或规范。例如，有些行业要求本行业的专业软件必须能够导入 / 导出可扩展标记语言（XML，Extensible Markup Language）格式的文件，且必须符合一定的数据格式规范。

2. XML 的符合性

目前的数据格式多种多样，造成不同类型的数据交换和集成困难。而 XML 作为一种较新的技术，能够使不同来源的结构化的数据较容易地结合在一起，提供了一个描述数据和交换数据的有效手段。

XML 是一种元标记语言，它使用简单灵活的标准格式。XML 主要有 3 个组成元素：Schema（模式）、XSL（可扩展样式表语言）和 XLL（可扩展链接语言）。其中，Schema 规定了 XML 文件的逻辑结构，定义了 XML 文件中的元素、元素的属性以及元素和元素属性之间的联系，它可以帮助 XML 的分析程序校验 XML 文件标记的合法性；XSL 是用于规定 XML 文档样式的语言，它能在客户端使 Web 浏览器改变文档的表示法，从而不需要与服务器进行交互通信；XLL 将进一步扩展目前 Web 上已有的简单链接。

目前，一些行业软件已将 XML 作为其行业规范进行推荐，并得到了开发商的广泛认可。

XML 测试的需求往往来自业界已有的数据格式规范，一般是一套 Schema 文件，其测试步骤如下。

（1）在测试工具中建立标准模板。

（2）使用被测软件，按要求导出数据。

（3）将导出的数据与标准模板进行对比匹配测试。

（4）输出测试结果。

测试中用到的数据比较工具可以采用已有的 XML 解析器，如 XMLSpy，或有针对性地开发出一些专用工具。

数据在软件中以数字、字符、文本内容、不同类型的文件（如文本文件、图片、音频文件、视频文件）等不同形式存储。接下来讲解图片兼容性测试与文件兼容性测试要考虑的测试点。

11.2.1 ▸▸▸ 图片兼容性测试

以 PC 端 Web 版淘宝软件的头像设置功能为例，如图 11-4 所示，对图片兼容性进行测试点分析。

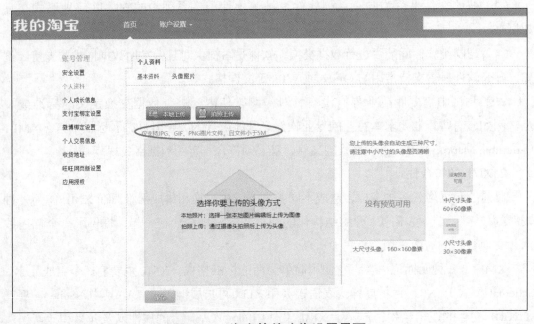

图11-4　淘宝软件头像设置界面

首先我们分析关于图片的规格要求，系统中明确规定：仅支持 JPG、GIF、PNG 格式的图片，文件大小应小于 5MB。

使用满足格式、大小兼容要求的图片进行头像设置，检查是否设置成功，设置完后，检查显示效果；使用不满足格式、大小兼容要求的图片进行头像设置，检查系统是否有提示？如果没有提示，检查是否设置成功。

11.2.2 ▸▸▸ 文件兼容性测试

以在某版微信软件中给好友发文件功能为例，如图 11-5 所示，对文件兼容性进行测试点分析。

图11-5 微信软件发送文件界面

发送格式兼容的文件，检查是否可以发送成功，好友收到文件后是否能打开，打开后显示效果如何？发送格式不兼容的文件，检查系统是否有提示，如果没有提示，检查是否可以发送成功，好友收到文件后是否能打开，打开后显示效果如何？常见的文件类型有 Word 文档（docx 与 doc）、Excel 文档（xlsx 与 xls）、pdf 文档、文本文档、压缩文件等。

以 Word 文档为例，如图 11-6 所示，该 Word 文档在 PC 端正常显示，但是将该文档发送给微信好友，在 iPhone 手机端打开后，出现了显示格式混乱的错误。

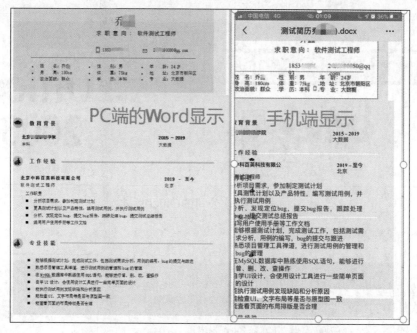

图11-6 微信软件发送Word文档出现的错误

>> 11.3 与其他常用软件的兼容性测试

与其他常用软件的兼容性测试主要是指测试被测系统与第三方软件之间的兼容性。

选取兼容交互测试的第三方软件，主要取决于用户使用被测软件的场景分析。例如，被测软件是 PC 端的 OA 办公软件，则需要选取的第三方软件包含各种常见办公软件，以及工作中常用的其他软件。

接下来选取一些常用的应用软件与专用软件，介绍它们与被测软件之间的兼容测试。

11.3.1 >>> 应用软件

1. 用户运行环境中常见的应用软件

（1）微软公司的 Office 软件

微软公司的 Office 系列产品，如图 11-7 所示。在升级过程中，从最早的 Office 97 版本，到 Office 2000、Office 2003、Office 2010、Office 2016，产品不断升级换代。在换代过程中，包含的各种版本的软件所生成的各种类型的办公文件之间的兼容性必须得到重视。例如，Office 2000 Word 文字处理软件，在保存文档后，文档的后缀为 ".doc" 格式，但版本升级到 Office 2003 后，Word 软件的后缀则变成 ".docx" 格式；Office 2000 的文档在 Office 2003 版中可以打开、编辑，但 Office 2003 版文档在 Office 2000 版中打不开，需要安装相关组件或升级包后才能正常打开。

图11-7　微软公司的Office版本

（2）金山公司的 WPS 办公软件

金山公司的首款软件产品是 WPS 办公软件，如图 11-8 所示。该软件的功能与微软公司的 Office 产品的功能相似，属于国产化软件中的代表性产品，在国内拥有大量的用户。兼容性测试与微软公司的 Office 软件的兼容性测试相同。

（3）360 安全卫士软件

360 安全卫士是一款由奇虎 360 公司推出的安全杀毒软件，

图11-8　金山公司WPS

如图 11-9 所示。360 安全卫士软件拥有查杀木马、清理插件、修复漏洞、电脑体检、电脑救援、保护隐私、电脑专家、清理垃圾、清理痕迹等多种功能。

图11-9　360安全卫士

（4）常用的社交软件，如 QQ、微信、抖音等。

（5）游戏软件，如王者荣耀、极品飞车等。

2. 应用软件与被测系统的兼容性测试

以微软公司的 Office 软件为例，如果被测系统具有导入、导出文件的功能，则测试导出的文件是否可以使用微软公司的 Office 软件打开；可以支持什么版本的 Office 软件；是否可以使用微软公司的 Office 软件编辑文件、导入系统中显示字段的位置是否正确；导入导出数据时，编码格式的情况如何，是否有乱码显示等。如果被测系统具有发送文件的功能，则测试是否可以发送微软公司的 Office 软件编辑的文件、文件发送成功后是否可以被打开、打开文件后显示是否正确等。

金山公司的 WPS 办公软件与微软公司的 Office 软件的兼容性测试内容相同。

360 安全卫士软件的兼容性测试则是测试被测软件的运行程序是否会被 360 安全卫士软件当成恶意软件查杀。

社交软件涉及用户之间的信息传播，如微信，其兼容性测试是指测试被测系统的登录方式是否支持社交软件的账号、内容是否可以在常用的社交软件中被分享、被分享后是否可以被打开。

游戏等用户常用软件的兼容性测试是指测试游戏软件开启时，被测系统是否可以被正常打开、使用。

11.3.2 ▶▶▶ 专用软件

专用软件为特定的用户或人群提供服务与功能，例如，车站的票务管理系统软件、人事管理系统软件、财务管理系统软件，以及图形处理人员使用的 Photoshop 软件等。

专用软件与被测系统的兼容性测试是指，如果被测系统是供某个领域或行业的用户使用，可以测试该类用户常用专用软件与被测系统直接的兼容性，主要的测试点包括被测系统的安装与运行是否与专用软件的使用有冲突。例如，为 UI 设计工程师提供的测试软件是否与 UI 设计工程师常用的专用软件 Photoshop 发生冲突。

▶▶ 11.4 本章小结

本章重点介绍兼容性测试。兼容性与计算机硬件、软件，操作系统，数据库和应用软件，以及行业专业软件相关。软件运行环境在不断地改变，兼容性测试用来检测向前和向后的兼容程度，防止因环境变化导致软件系统出现故障。

▶▶ 11.5 本章习题

一、单选题

1. 兼容性不包括（　　）。

　A. 硬件之间兼容　　　　　　　　　B. 软件之间兼容

　C. 数据之间兼容　　　　　　　　　D. 测试工具之间兼容

2. 关于浏览器兼容性测试，描述正确的有（　　）。

　A. B/S 架构的软件，一般都需要进行浏览器兼容测试

　B. C/S 架构的软件，一般都需要进行浏览器兼容测试

　C. 选取兼容的浏览器，主要依据需求说明与用户使用的浏览器版本

　D. 要对所有版本的浏览器进行兼容性测试

3. （　　）是指软件之间能否正确地交换和共享信息。

　A. 数据兼容　　　　B. 数据传输　　　　C. 数据发送　　　　D. 数据接收

4. 在 iOS 中，在（　　）获得软件进行安装。

　A. App Store　　　　B. App Shop　　　　C. Safari　　　　D. Settings

5. 微软 Edge 浏览器内置于（　　）中。

　A. Windows Vista　　B. Windows 7　　　C. Windows 8　　　D. Windows 10

6. 手机端自适应指的是（　　）。

　A. 当浏览器宽度、高度不同时，显示条件匹配的视图页面内容

　B. 当网络速度不同时，是否显示完整的页面内容

　C. 当访问量不同时，是否显示完整的页面内容

　D. 当运行场景不同时，是否显示正确的页面内容

二、多选题

1. 主流的 Android 版本有（　　　）。

　　A. JellyBean（果冻豆）　　　　　　　　B. RedHat（小红帽）

　　C. KitKat（奇巧巧克力棒）　　　　　　D. Lollipop（棒棒糖）

2. 被测 App 软件与其他第三方软件，可以参考 App 使用的（　　　）等，确认需要测试的软件。

　　A. 排行榜　　　　　B. 下载量　　　　　C. 分类　　　　　　　D. 文件大小

3. 图片兼容性测试需要测试（　　　）。

　　A. 尺寸大于需求范围的图片　　　　　B. 尺寸小于需求范围的图片

　　C. 满足格式需求的图片　　　　　　　D. 不满足格式需求的图片

4. App 兼容性测试，在选择测试机时要注意手机的许多参数，比如（　　　）。

　　A. 操作系统　　　　　　　　　　　　B. 操作系统版本

　　C. 分辨率　　　　　　　　　　　　　D. 手机生产厂家

三、判断题

1. 兼容性测试就是验证软件对其所依赖的环境的依赖程度。（　　　）

2. 向后兼容是指可以使用软件的未来版本；向前兼容指的是可以使用以前的软件版本。（　　　）

3. 数据兼容是指软件之间能否正确地交换和共享信息。（　　　）

4. 对于平台兼容性测试，兼容的平台版本的选取取决于需求。（　　　）

5. 同一个文件在 PC 端显示正确，在手机端也一定会显示正确。（　　　）

四、简答题

1. App 软件兼容性测试要考虑哪些方面？

2. 什么是向前兼容与向后兼容？

3. 图片兼容性测试包括哪些内容？

4. 文件兼容性测试包括哪些内容？

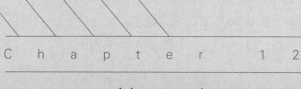

Chapter 12

第 12 章

微商城网站实践案例（上）

➤ 12.1 实践目标

① 能够使用 Linux 命令和 MySQL 数据库搭建测试环境。

② 能够熟练安装 JDK、Tomcat 和部署测试版本。

③ 能够导入项目数据库、修改配置文件和启动项目应用。

测试环境搭建

测试环境的搭建需要在 CentOS 上安装 MySQL 数据库，安装 JDK 和 Tomcat Web 服务器，部署测试版本，如图 12-1 所示。

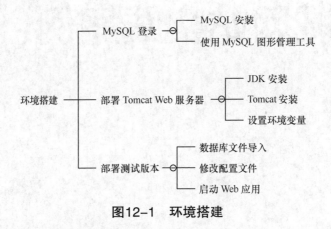

图12-1　环境搭建

➤ 12.2 安装 MySQL 系统

12.2.1 ➤➤ 实验目标

（1）掌握 MySQL 下载、安装及登录的方法。

（2）掌握使用 MySQL 命令创建数据库的方法。

（3）掌握使用 MySQL 命令进入数据库的方法。

（4）掌握使用 MySQL 命令查看数据库的方法。

（5）掌握使用 MySQL 命令删除数据库的方法。

（6）综合应用 MySQL，学习 MySQL 基本操作。

MySQL 知识概况如图 12-2 所示。

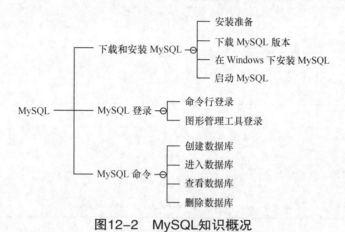

图12-2　MySQL知识概况

12.2.2 ▶▶ 实验任务

（1）下载 MySQL 5.7 版本的安装包。

（2）在 Windows 系统下安装并配置 MySQL。

（3）在 Windows 系统下修改 MySQL 登录密码并登录 MySQL。

（4）在 Windows 系统下安装 MySQL 图形管理工具，并登录数据库。

（5）操作数据库命令如下。

① 使用"create database"命令创建 bookstore 数据库。

② 使用"use"命令进入 bookstore 数据库。

③ 使用"show databases"命令查看 bookstore 数据库。

12.2.3 ▶▶ 实施准备

（1）在 MySQL 官网下载 MySQL 5.7 版本安装包。

（2）准备图形管理工具 Navicat_Premium_11.0.10。

12.2.4 ▶▶ 实验步骤

步骤 1：在 Windows 系统下安装 MySQL

（1）用户可以在 MySQL 官网下载最新版本的安装包，如图 12-3 所示。

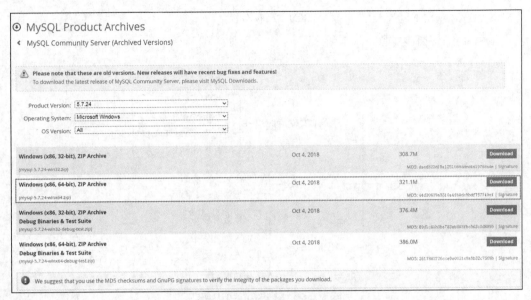

图12-3　官网下载界面

（2）下载 MySQL 安装包后，找到下载的路径进行解压，如图 12-4 所示。

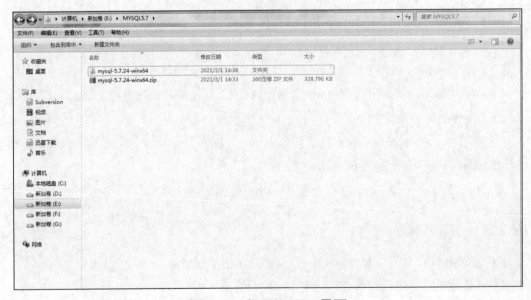

图12-4　解压MySQL界面

（3）配置环境变量，右键单击"我的电脑→高级系统设置→环境变量"，新增系统变量，输入以下变量，如图 12-5 所示。

变量名：MYSQL_HOME。

变量值：E:\MYSQL5.7\mysql-5.7.24-winx64。

图12-5　配置环境变量界面

（4）生成 data 目录。以管理员身份运行 cmd，进入 E:\MYSQL5.7\mysql-5.7.24-winx64\ bin 目录下，执行命令：mysqld --initialize-insecure --user=mysql，在 C:\software\mysql- 8.0.19-winx64.zip\mysql-8.0.19-winx64 下和 bin 同级目录生成 data 目录，如图 12-6 所示。

```
C:\windows\system32>cd E:\MYSQL5.7\mysql-5.7.24-winx64\bin

C:\windows\system32>E:

E:\MYSQL5.7\mysql-5.7.24-winx64\bin>mysqld --initialize-insecure --user=mysql
```

图12-6　生成data目录

（5）安装 MySQL。

执行命令：mysqld -install，安装 MySQL，如图 12-7 所示。

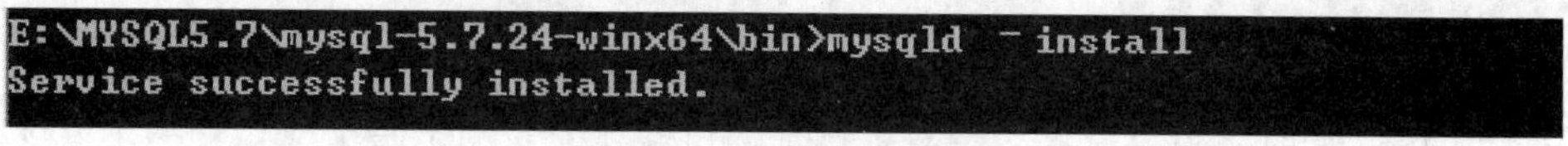

```
E:\MYSQL5.7\mysql-5.7.24-winx64\bin>mysqld - install
Service successfully installed.
```

图12-7　安装MySQL

（6）启动服务。

执行命令：net start MySQL，启动 MySQL 服务，如图 12-8 所示。

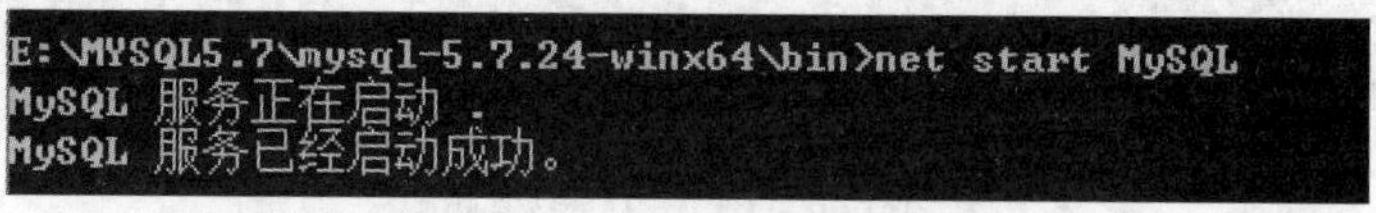

```
E:\MYSQL5.7\mysql-5.7.24-winx64\bin>net start MySQL
MySQL 服务正在启动 .
MySQL 服务已经启动成功。
```

图12-8　启动MySQL服务

（7）登录 MySQL。

执行命令：mysql -u root -p，登录 MySQL（因为之前没设置密码，所以密码为空，不用输入密码，直接按 <Enter> 键即可），如图 12-9 所示。

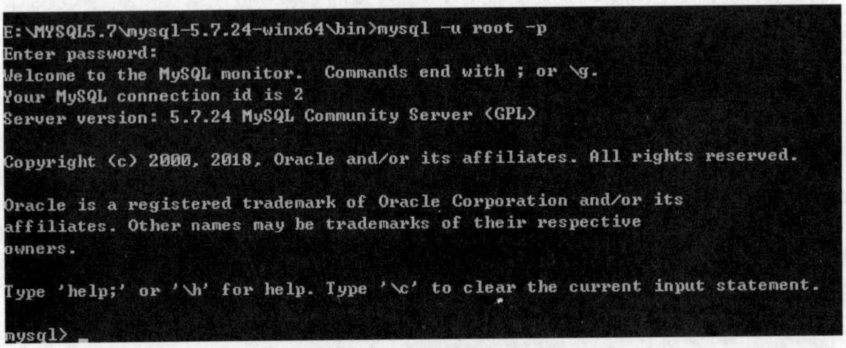

```
E:\MYSQL5.7\mysql-5.7.24-winx64\bin>mysql -u root -p
Enter password:
Welcome to the MySQL monitor.  Commands end with ; or \g.
Your MySQL connection id is 2
Server version: 5.7.24 MySQL Community Server (GPL)

Copyright (c) 2000, 2018, Oracle and/or its affiliates. All rights reserved.

Oracle is a registered trademark of Oracle Corporation and/or its
affiliates. Other names may be trademarks of their respective
owners.

Type 'help;' or '\h' for help. Type '\c' to clear the current input statement.

mysql>
```

图12-9　登录MySQL

（8）查询用户密码。

执行命令“mysql> select host, user, authentication_string from mysql.user;”，如图 12-10 所示。

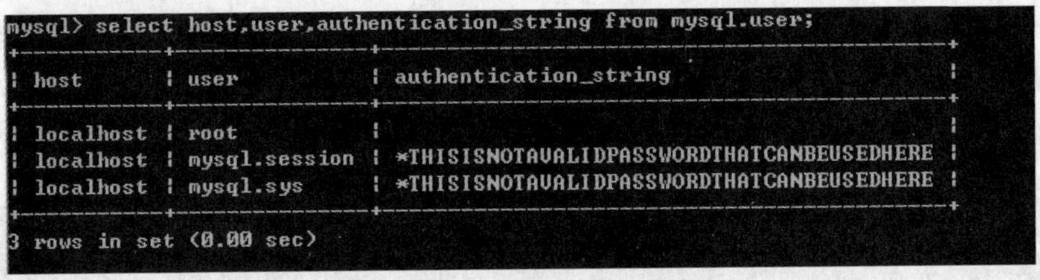

```
mysql> select host,user,authentication_string from mysql.user;
+-----------+---------------+-------------------------------------------+
| host      | user          | authentication_string                     |
+-----------+---------------+-------------------------------------------+
| localhost | root          |                                           |
| localhost | mysql.session | *THISISNOTAVALIDPASSWORDTHATCANBEUSEDHERE |
| localhost | mysql.sys     | *THISISNOTAVALIDPASSWORDTHATCANBEUSEDHERE |
+-----------+---------------+-------------------------------------------+
3 rows in set (0.00 sec)
```

图12-10　查询用户密码

这里我们可以看到 root 用户还未设置密码。

（9）设置密码。

依次输入以下命令设置密码。

```
mysql> use mysql ;
mysql> ALTER USER 'root'@'localhost' IDENTIFIED WITH mysql_native_password BY '123456';
mysql> flush privileges;
```

保存，执行此命令后，设置才生效，若不执行此命令，则密码不变，如图 12-11 所示。

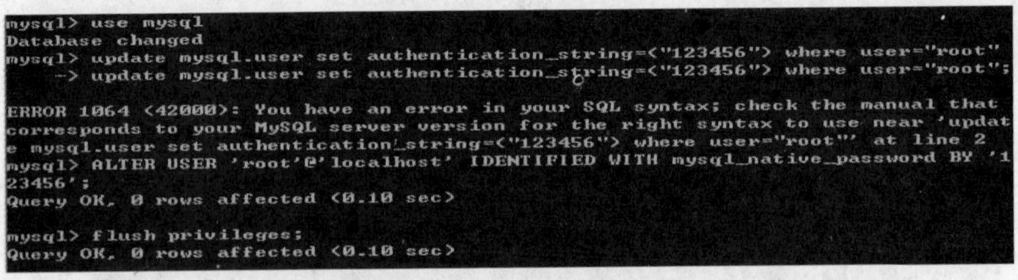

```
mysql> use mysql
Database changed
mysql> update mysql.user set authentication_string=("123456") where user="root"
    -> update mysql.user set authentication_string=("123456") where user="root";

ERROR 1064 (42000): You have an error in your SQL syntax; check the manual that
corresponds to your MySQL server version for the right syntax to use near 'updat
e mysql.user set authentication_string=("123456") where user="root"' at line 2
mysql> ALTER USER 'root'@'localhost' IDENTIFIED WITH mysql_native_password BY '1
23456';
Query OK, 0 rows affected (0.10 sec)

mysql> flush privileges;
Query OK, 0 rows affected (0.10 sec)
```

图12-11　设置密码

（10）退出后重新使用密码登录。

依次执行以下命令。

```
mysql> quit;
mysql -u root -p;
```

输入密码 123456，如图 12-12 所示。

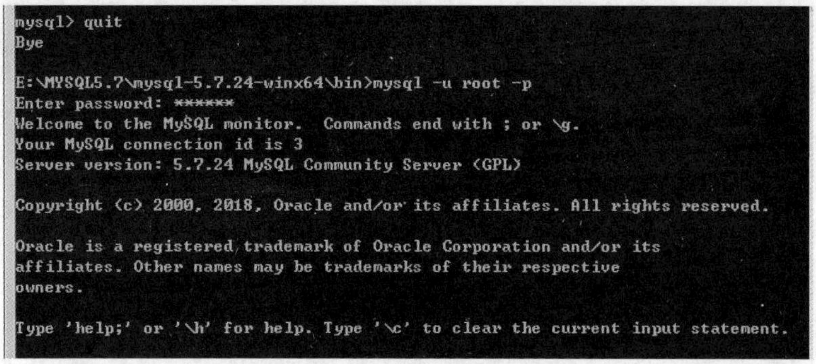

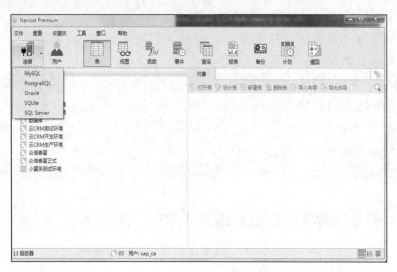

图12-12　退出后重新登录

步骤 2：使用 Navicat 登录 MySQL

（1）首先要建立与 MySQL 的关联。打开 Navicat，找到"文件"菜单下的"连接"按钮，单击按钮并在弹出的菜单中选择"MySQL"，如图 12-13 所示。

图12-13　Navicat主界面

（2）在弹出的新建连接窗口中输入相关信息。连接名：Navicat 显示的名称。主机：MySQL 服务器 IP 地址。端口：默认 3306。用户名：数据库登录名。密码：数据库登录密码。配置完相关信息后，可以单击"连接测试"来测试参数配置是否正确，然后单击"确定"，如图 12-14 所示。（注意：这里由于是在 Windows 本机上安装，IP 地址填写为 localhost。）

（3）这时，在 Navicat 主界面的左侧会出现刚才配置的连接名，双击连接名，就可以打开与 MySQL 的连接。这就是我们配置的 MySQL 的连接对象，以后使用时可以在这个地方直接双击。当然，也可以右键单击连接名，选择"打开连接"，如图 12-15 所示。

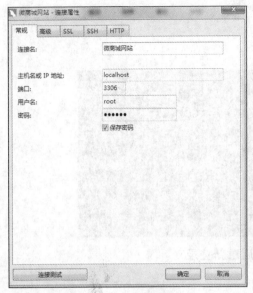

图12-14　连接属性界面　　　　　　　图12-15　登录成功界面

步骤3：数据库的基本操作

（1）创建一个名为 store 的数据库，执行如下命令。

```
#creat database store;
```

（2）进入 store 数据库，执行如下命令。

```
#use store;
```

（3）查看所有数据库，执行如下命令。

```
#show databases;
```

（4）删除 store 数据库，执行如下命令。

```
#drop database store;
```

≫ **12.3** 搭建被测系统测试环境

12.3.1 ⋙ 实验目标

（1）掌握 Tomcat 的下载、安装以及配置环境的方法。

（2）掌握 JDK 下载、安装及配置环境变量的方法。

（3）掌握使用 Tomcat 进行项目部署的方法。

12.3.2 ⋙ 实验任务

（1）下载并准备 Tomcat 8.5.59 版本的安装包，通过 SSH Secure File Transfer Client 工具上传到 CentOS。

（2）下载 JDK 1.8 版本的安装包，通过 SSH Secure File Transfer Client 工具上传到 CentOS。

（3）在 CentOS 下安装 JDK 并配置环境变量。

（4）在 CentOS 下安装 Tomcat 并配置环境，运行 Tomcat。

12.3.3 ▶▶ 实施准备

（1）在 Tomcat 官网下载 Tomcat 8.5.59 版本的安装包，选择的 Tomcat 版本如图 12-16 所示。

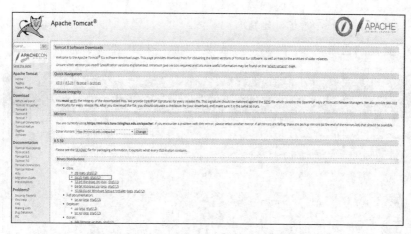

图12-16　选择的Tomcat版本

（2）在 JDK 官网下载 JDK 1.8 版本的安装包，选择的版本如图 12-17 所示。

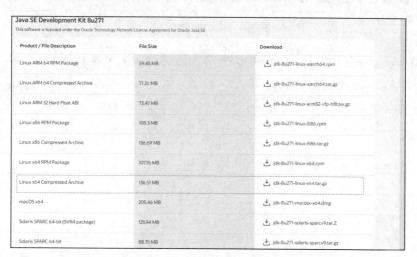

图12-17　选择JDK的版本

（3）在 Windows 的 VMware 虚拟机软件中准备好 CentOS。

（4）准备好商城系统的部署包和前端包，部署包如图 12-18 所示。

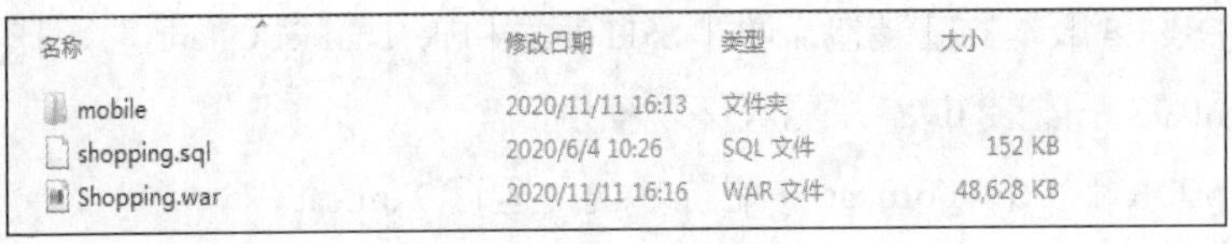

名称	修改日期	类型	大小
mobile	2020/11/11 16:13	文件夹	
shopping.sql	2020/6/4 10:26	SQL 文件	152 KB
Shopping.war	2020/11/11 16:16	WAR 文件	48,628 KB

图12-18　部署包

（5）准备商城项目的前端源码。

12.3.4 ▶▶ 实验步骤

步骤 1： 在 Windows 系统下安装 JDK

（1）本实验我们选择 JDK 8 版本，下载界面如图 12-19 所示。

图12-19　下载界面

（2）滑动鼠标到页面底端，选择对应的操作系统进行下载，如图 12-20 所示。

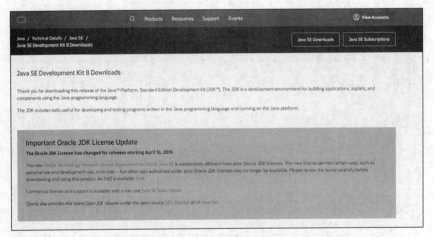

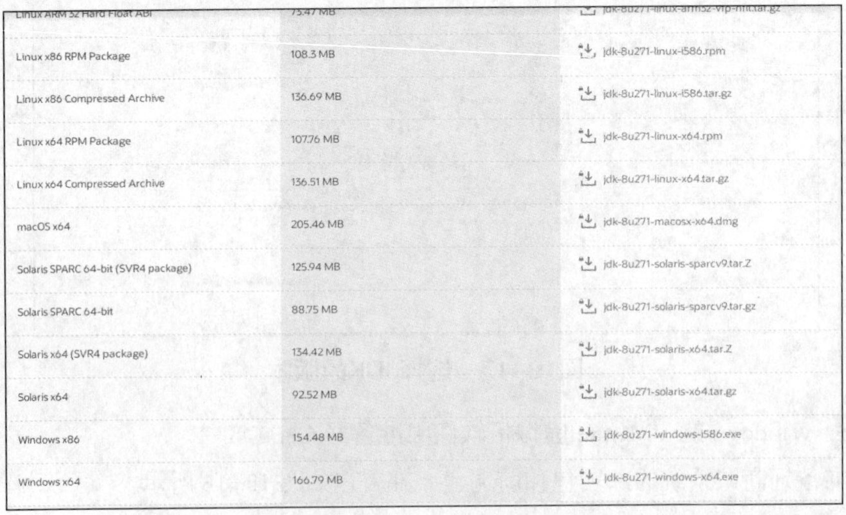

图12-20　下载列表

（3）JDK 安装包下载完成之后，双击安装包，开始安装，如图 12-21 所示。

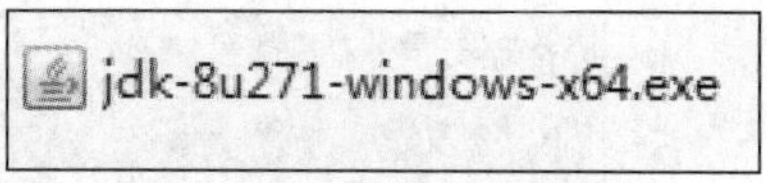

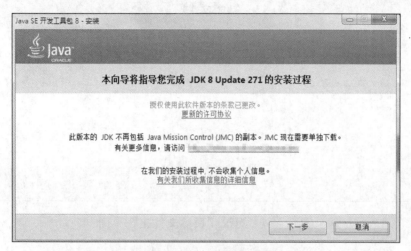

图12-21　JDK安装包

（4）进入安装界面，单击"下一步"，如图 12-22 所示。

图12-22　安装开始界面

（5）进入定制安装界面，如图 12-23 所示。在此界面选择要安装的功能——"开发工具"，单击"下一步"。

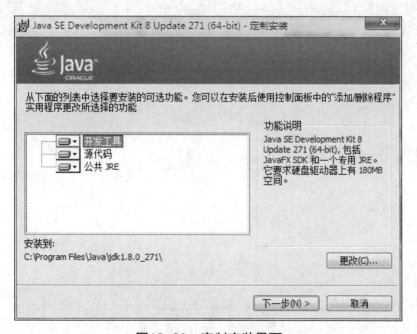

图12-23　定制安装界面

（6）进入更改目标文件夹界面，如图 12-24 所示，单击"更改"，可以更改安装路径，如不更改，则默认安装到 C 盘，这里选择默认安装到 C 盘。

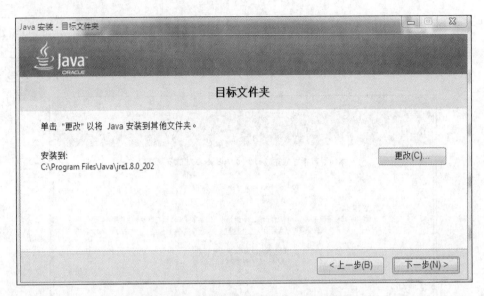

图12-24　更改"目标文件夹"界面

（7）安装进度界面（如图 12-25 所示）会显示安装进度。

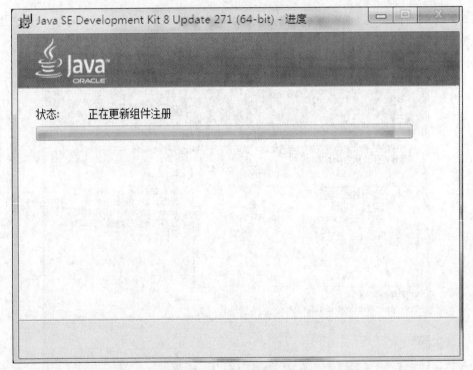

图12-25　安装进度界面

（8）进入许可证变更确认界面，单击"确定"，如图 12-26 所示。

图12-26　许可证变更确认界面

（9）等待安装完成，如图 12-27 所示，单击"关闭"，JDK 安装完成。

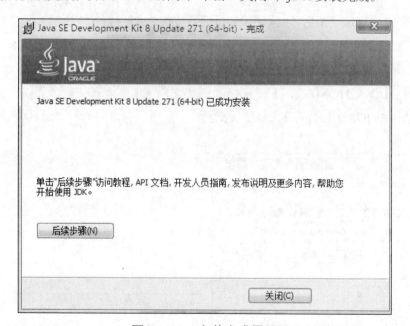

图12-27　安装完成界面

（10）安装完 JDK 后，需要配置环境变量。右键单击"计算机"，然后依次选择"属性→高级系统配置→环境变量"，系统属性界面如图 12-28 所示。

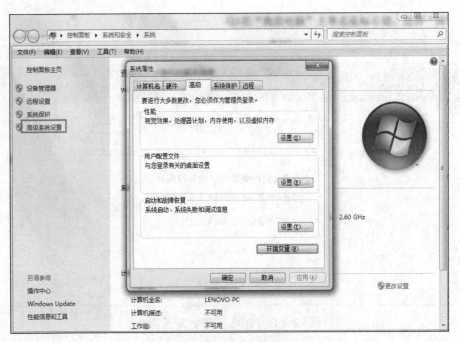

图12-28　系统属性界面

（11）单击"环境变量"，进入环境变量配置界面，如图 12-29 所示。

（12）选择系统变量，单击"新建"，弹出对话框，配置变量 JAVA_HOME 和变量值 JDK 安装目录，配置内容如图 12-30 所示。

变量名：JAVA_HOME

变量值：E:\JDK8（Eclipse 的安装与启动）

图12-29　环境变量配置界面　　　　**图12-30　新建系统变量界面**

（13）在系统变量中选择 path，配置 path 变量名，添加变量值为：.git\Git\Git\cmd:D:\:

%JAVA_HOME%\bin，如图 12-31 所示。

（14）验证 JDK 安装是否成功，按 <Win+R>
组合键，在打开的运行窗口输入 "cmd" 进入
DOS 环境，输入 java –version，按 <Enter> 键，系
统会显示当前安装版本等信息，如图 12-32 所示。

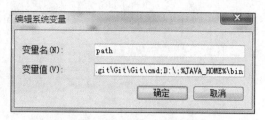

图12-31　编辑系统变量界面

图12-32　验证JDK是否安装成功

步骤 2：在 Windows 系统下安装 Tomcat

（1）进入 Tomcat 官网下载 Tomcat 9.0.43 版本，根据计算机型号选择对应的版本，这
里选择 64 位 Windows 免安装压缩包版本，如图 12-33 所示。

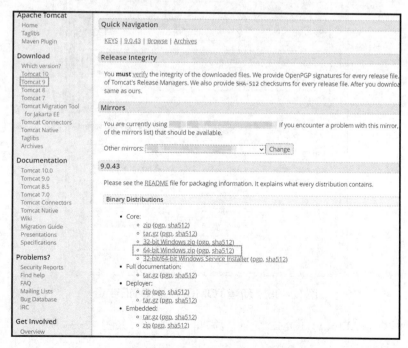

图12-33　Tomcat版本列表

（2）解压到指定目录，比如 E:\zhonghui，如图 12-34 所示。

图12-34 解压到指定目录

（3）配置 Tomcat 环境变量，新建 TOMCAT_HOME 变量，右键单击"计算机→属性→高级系统设置"，在系统变量中添加以下变量，如图 12-35 所示。

变量名：TOMCAT_HOME。

变量值：E:\zhonghui\apache-tomcat-9.0.43（变量值即为我们下载的 Tomcat 解压路径）。

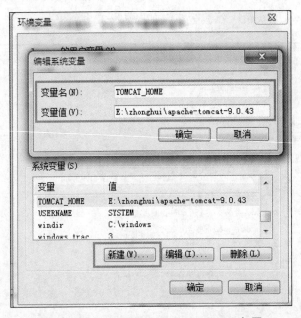

图12-35 新建TOMCAT_HOME变量

（4）新建 CATALINA_HOME 变量，添加以下变量，如图 12-36 所示。

变量名：CATALINA_HOME。

变量值：E:\zhonghui\apache-tomcat-9.0.43。

图12-36　新建CATALINA_HOME变量

（5）修改变量 Path。在系统变量中找到 Path 变量名，双击或单击进行编辑，在末尾添加如下内容。

```
;%TOMCAT_HOME%\bin;%CATALINA_HOME%\lib
```

这里要注意，各个变量值之间一定要用";"分隔，如图 12-37 所示。

（6）启动 Tomcat，进入 Tomcat bin 目录，双击 startup.bat 启动 Tomcat，如图 12-38 所示。

图12-37　修改Path变量

图12-38　启动Tomcat

（7）测试 Tomcat 服务器是否安装成功，在浏览器中输入 localhost:8080，如图 12−39 所示。

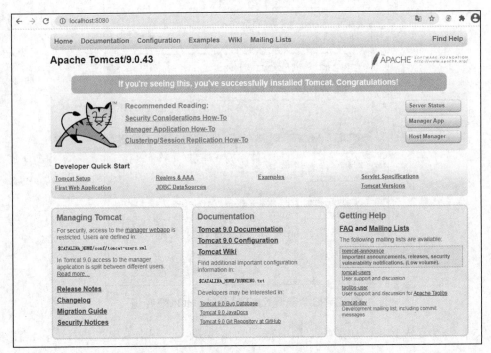

图12−39　测试Tomcat服务器是否安装成功

步骤 3：在 Windows 系统下使用 Tomcat 部署项目

（1）Node.js 是一种编译器，在 Windows 系统直接安装 node−v10.16.3−x64。

（2）使用文本编辑器打开源码包中的 src/util/APIUtil.js 文件，然后将第一行的 IP 和端口改成 severurl:8080，如图 12−40 所示。

```
 1    var serverBase = 'http://severurl:8080/Shopping'
 2    var v1 = serverBase + '/api/v1/'
 3  □export default {
 4      BASE_SERVER_URL: serverBase,
 5      /* 注册 */
 6      REGISTER: v1 + "register",
 7      /* 忘记密码 */
 8      API_URL_FORGET_PASSWORD: v1 + "forgetPassword",
 9      /* 登录url */
10      API_URL_LOGIN: v1 + "login",
11      /* 发送短信码 */
```

图12−40　修改源码IP

（3）添加 hosts，进入 C:\Windows\System32\drivers\etc 目录，以文本格式打开 hosts 文件，添加计算机的 IP 和"severurl"，如图 12−41 所示。

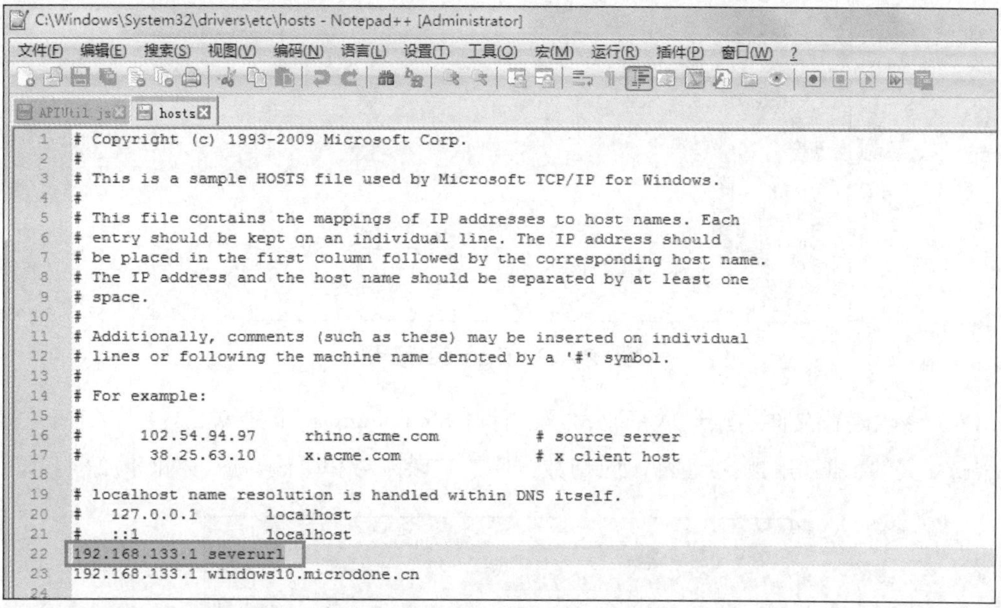

图12-41　添加hosts文件

（4）安装好 Node.js 后，在 DOS 命令窗口下直接输入 "cd+ 源码路径"，然后执行命令 > npm run build 以打包生成 dist 文件夹，将该文件夹重命名为 mobile，如图 12-42 所示。

图12-42　打包前端包

（5）进行 Tomcat 项目部署，将 Shopping.war 文件放在 Tomcat 的 webapps 目录下，这里放到 E:\zhonghui\apache-tomcat-9.0.43\webapps 路径下，如图 12-43 所示。

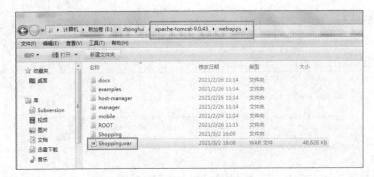

图12-43　Tomcat部署

（6）修改配置文件的账号、密码，双击打开 Shopping.war 下的 WEB-INF/classes/jdbc.properties 文件，填写的账号、密码应与数据库的登录账号和密码对应，如图 12-44 所示。

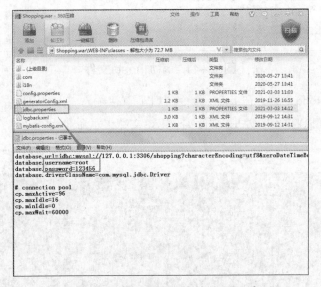

图12-44　修改配置文件的账号、密码

（7）将之前打包好的 mobile 文件夹放在 Tomcat 的 webapps 目录下，这里放到 E:\zhonghui\apache-tomcat-9.0.43\webapps 路径下，如图 12-45 所示。

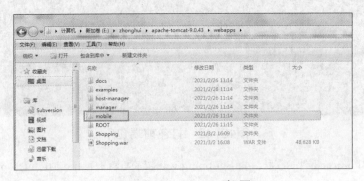

图12-45　Tomcat部署

（8）使用 Navicat 导入微商城网站的数据库文件 shopping.sql，进入 Navicat，登录微商城网站数据库，单击右键选择运行 SQL 文件，选择 shopping.sql 文件，单击"开始"。完成导入 SQL 文件，如图 12-46 所示。

（9）启动 Tomcat，成功启动后在浏览器中输入 http://severurl:8080/Shopping 便可访问项目后台管理系统（商城后台），如图 12-47 所示。

图12-46　导入SQL文件

图12-47　商城后台

（10）在浏览器中输入 http://severurl:8080/mobile 便可访问商城前端，如图 12-48 所示。

图12-48　商城前端

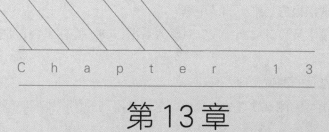

第 13 章

微商城网站实践案例（下）

▶▶ 13.1　实践目标

（1）能熟练记录缺陷报告与维护测试用例。

（2）能根据测试需求及设计文档完成针对输入数据、UI、控件组合、业务流程等测试用例的设计、维护工作。

（3）能熟练使用常见的测试管理工具。

（4）能根据不同类型的测试软件分析测试需求，从不同的测试维度熟练掌握测试思路与测试方案。

（5）能根据测试结果评估被测软件的质量。

▶▶ 13.2　实践知识地图

软件缺陷内容如图 13-1 所示。

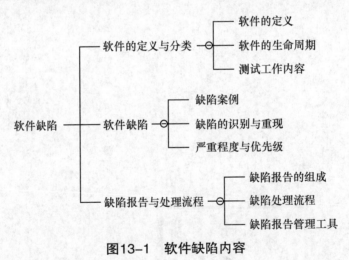

图13-1　软件缺陷内容

▶▶ 13.3　项目简介

微商城是一个为企业和个人提供网上交易的平台，是利用 Vue.js（Vue.js，一套用于构建用户界面的渐进式 JavaScript 框架）开发的动态网站，其功能是使商户运营管理商品，通过移动设备访问购物系统以购买商品。该平台采用 B/S 架构设计，系统设计图如图 13-2 所示。

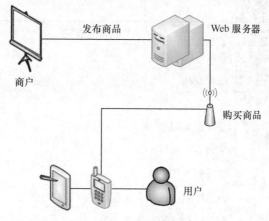

图13-2　系统设计图

用户使用微商城前端的流程是：登录／注册→浏览／搜索商品→加入购物车→模拟支付。使用微商城后台的流程是：登录→商品管理／订单管理／会员管理／公告管理／充值管理／广告管理／动态管理／积分管理／幻灯片管理→退出。

▶▶ 13.4　测试需求分析

13.4.1 ▶▶▶ 微商城后台需求说明

在教学过程中，为了让学生巩固所学的测试知识，开发人员结合当前教学趋势开发了用于模拟电商购物的微商城系统，该系统用于内部教学使用，微商城后台的功能性需求如表 13-1 所示。

表13-1　微商城后台的功能性需求

模块名称	功能模块	功能点概述	优先级
登录	登录	登录商城后台	1
商品管理	商品分类管理	普通搜索、重置	1
		添加商品分类	1
		批量删除商品分类	1
		删除单个商品分类	1
		编辑商品分类	1
		分页查询	2
	商品详情管理	普通搜索、重置	1
		高级搜索、重置	1
		添加商品	1

模块名称	功能模块	功能点概述	优先级
商品管理	商品详情管理	删除商品	1
		编辑商品	1
	商品规格管理	普通搜索、重置	2
		添加商品规格	1
		编辑商品规格	1
		删除商品规格	1
	商品评论管理	普通搜索、重置，按起止时间、商品名搜索	3
		全部通过，通过全部评论	3
		全部驳回，驳回全部评论	1
		全部删除，删除全部评论	1
订单管理	订单详情管理	高级搜索、重置，按订单号、付款标准、订单状态、总价、下单时间搜索	1
		查看订单详情	1
		物流配送、确认发货	1
		订单列表	1
	订单报表管理	普通搜索	1
		图表展示	1
会员管理	用户管理	高级搜索、重置，按会员名、会员状态、注册时间、最后登录时间、全员角色搜索	1
		添加管理员	1
		编辑管理员	1
		会员列表	1
	VIP 管理	普通搜索，按 VIP 注册时间、VIP 名称搜索	2
		添加 VIP	1
		编辑 VIP	1
公告管理	公告分类管理	普通搜索、重置	2
		新增公告分类	1
		编辑公告分类	1
		删除公告分类	1
	公告详情管理	普通搜索、重置	2
		新增公告	1
		编辑公告	1

模块名称	功能模块	功能点概述	优先级
公告管理	公告详情管理	删除公告	1
充值管理	电子钱包初始金额设定	设置电子钱包初始金额、重置	1
	充值管理	普通搜索、重置	1
		编辑用户充值金额	1
广告管理	广告详情管理	编辑广告详情，填写地址、上传图片	1
		保存广告	1
		删除广告	1
		新增广告	1
动态管理	用户动态管理	编辑内容	2
		删除内容	2
		查看详情	2
	动态评论管理	编辑评论	2
		删除评论	2
		查看详情	2
积分管理	积分详情管理	普通搜索、重置	1
		编辑用户积分	1
		积分列表	1
幻灯片管理	幻灯片详情管理	普通搜索、重置	2
		添加幻灯片	1
		删除幻灯片	1
		编辑幻灯片	1

13.4.2 ▶▶▶ 微商城系统前端 App 需求说明

微商城 App 用于模拟购物，仅供内部教学使用。微商城 App 功能性需求如表 13-2 所示。

表13-2 微商城App功能性需求

模块名称	功能模块	功能点概述	优先级
登录注册	登录	输入账号、密码登录	1
	注册	注册账号，输入电话、短信验证码、密码、确认密码	1
	忘记密码	找回密码，输入电话、短信验证码、密码、确认密码	1
	退出登录	退出登录	1

续表

模块名称	功能模块	功能点概述	优先级
首页	轮播图	轮播图滑动展示	2
	动态	展示动态配置图、内容、点赞数、用户	1
		点赞	1
		动态分享：人人网、微信、QQ 空间、腾讯微博、新浪微博	2
		发表评论	1
	商品搜索	搜索商品信息	1
商城	商品分类	商品类型	1
		商品详情	1
		添加购物车、立即购买	1
		支付	1
	商品列表	展示商品图片、商品名称、商品、市场价格	1
		查看更多商品	1
	商品搜索	搜索商品信息	2
	商品收藏	收藏商品	2
购物车	支付	微信支付	1
		支付宝支付	2
		电子钱包支付	1
		展示商品名称、单价数量、合计金额	1
	清空购物车	清空购物车的商品	2
发表动态	提交动态	单击"+"	2
		上传图片	2
		选择标签、输入内容，发布动态	2
	查看动态	我的动态	1
"我的"	头像	展示头像	2
		展示用户手机号	2
	订单历史	展示订单历史记录	2
	常用联系人	常用联系人列表	2
		新增常用联系人	2
		编辑常用联系人	2
		设置默认联系人	2

续表

模块名称	功能模块	功能点概述	优先级
"我的"	收藏商品	展示收藏的商品	2
		收藏商品，跳转下单	1
	我的动态	动态列表	2
		发表评论	2
		点赞	2
	会员设置	修改用户信息，包括昵称、E-mail	2
		修改密码	1
	未支付订单	未支付订单列表	1
		展示未支付订单商品名称、数量、单价	1
		展示合计未支付订单商品数量和总价	1
	电子钱包充值	充值电子钱包	1
	扫描二维码	扫描二维码	3
	我的足迹	展示历史浏览商品记录	3
		清空足迹	3
	发票抬头	添加抬头	2
		删除抬头	2
		编辑抬头	2
		发票抬头列表	2

>> 13.5　测试计划

13.5.1 >> 测试目的

本次测试内容为微商城系统后台和前端 App，在实际测试前需要制订完成相应的测试计划和用例，并评审。本次测试内容包括功能测试、兼容性测试。

针对微商城项目制订系统测试计划文档，有助于实现以下目标。

（1）明确测试任务，整个项目测试的整体规划，测试过程中的时间安排和分工。

（2）明确测试的范围与目标，并确认测试策略和测试方法。

（3）确定所需的资源、人力。

（4）指定测试参考文件，列出测试项目的可交付产物，明确进入测试和退出测试标准。

（5）明确测试管理，包括 Bug 管理、测试过程管理以及风险分析和应对策略。

13.5.2 ▶▶▶ 测试范围

本次测试主要以功能性测试为主，功能性测试主要测试系统功能的完整性、准确性、易用性等，商城后台功能测试要点如表13-3所示。

表13-3 商城后台功能测试要点

模块名称	功能模块	测试要点
登录	登录	成功登录
商品管理	商品分类管理	搜索功能正常
		成功添加商品分类
		批量删除商品分类功能正常
		删除单个商品分类功能正常
		编辑功能正常
		翻页功能正常
	商品详情管理	搜索功能正常
		添加商品成功
		删除商品成功
		编辑商品成功
	商品规格管理	搜索功能正常
		添加商品规格成功
		编辑功能正常
		删除商品规格成功
	商品评论管理	搜索功能正常，包括组合搜索、单个搜索
		全部通过功能正常
		全部驳回功能正常
		全部删除功能正常
订单管理	订单详情管理	搜索功能正常，包括组合搜索，单个搜索
		查看订单详情，详情页正常
		物流配送、确认发货功能正常
		订单列表数据正确
	订单报表管理	搜索正常
		图表展示数据一致
会员管理	用户管理	搜索功能正常，包括组合搜索、单个搜索
		添加管理员操作功能正常
		编辑管理员操作功能正常

续表

模块名称	功能模块	测试要点
会员管理	用户管理	会员列表数据一致
	VIP 管理	搜索功能正常,包括组合搜索、单个搜索
		添加 VIP 成功
		编辑 VIP 成功
公告管理	公告分类管理	搜索功能正常
		新增公告分类成功
		编辑公告分类成功
		删除公告分类成功
	公告详情管理	搜索功能正常
		新增公告成功
		编辑公告成功
		删除公告成功
充值管理	电子钱包初始金额设定	设定电子钱包初始金额,数据一致
		重置功能正常
	充值管理	搜索正常、重置功能正常
		用户充值金额的功能正常
广告管理	广告详情管理	编辑广告详情,填写地址、上传图片成功
		保存广告成功
		删除广告成功
		新增广告成功
动态管理	用户动态管理	编辑动态内容功能正常
		删除动态内容功能正常
		查看详情功能正常
	动态评论管理	编辑动态评论功能正常
		删除动态评论功能正常
		查看详情功能正常
积分管理	积分详情管理	搜索功能正常
		编辑用户积分功能正常
		积分列表功能正常
幻灯片管理	幻灯片详情管理	搜索功能正常
		添加幻灯片功能正常
		删除幻灯片功能正常
		编辑幻灯片功能正常

商城 App 前端测试要点如表 13-4 所示。

表13-4　商城App前端测试要点

模块名称	功能模块	测试要点
登录、注册	登录	输入账号、密码，成功登录
	注册	注册流程正常，能成功注册
	忘记密码	找回密码流程正常，能成功更换密码
	退出登录	退出登录功能正常
首页	轮播图	轮播图能成功滑动展示
	动态	能成功展示图片、简介、点赞数、用户
		点赞功能正常，标识显示正常
		动态分享功能正常：人人网、微信、QQ 空间、腾讯微博、新浪微博
		输入评论内容，发表评论功能正常
	商品搜索	搜索商品功能正常
商城	商品分类	商品分类展示功能正常
		商品详情展示功能正常
		添加购物车功能正常
		支付流程功能正常
	商品列表	展示商品图片、商品名称、商品市场价格功能正常
		查看更多商品功能正常
	商品搜索	搜索商品信息功能正常
	商品收藏	收藏商品功能正常
购物车	支付	微信支付功能正常
		支付宝支付功能正常
		电子钱包支付功能正常
		展示商品名称、单价数量、合计金额功能正常
	清空购物车	清空购物车里面的商品功能正常
	提交订单	提交订单，支付，生成订单功能正常
发表动态	提交动态	单击"+"功能正常
		上传图片功能正常
		选择标签、输入内容，发布动态功能正常
	查看动态	我的动态展示正常

续表

模块名称	功能模块	测试要点
"我的"	头像	头像展示正常
		用户昵称和手机号展示正常
	订单历史	订单历史记录展示正常
		查看订单详情功能正常
	常用联系人	常用联系人列表显示正常
		新增联系人功能正常
		编辑联系人功能正常
		设置默认联系人功能正常
	我的收藏	展示收藏的商品功能正常
		收藏商品跳转下单功能正常
	我的动态	动态列表功能正常
		发表评论功能正常
		点赞功能正常
	会员设置	修改用户信息，包括昵称、E-mail 功能正常
		修改密码功能正常
	未支付订单	未支付订单列表显示正常
		展示未支付订单商品名称、数量、单价功能正常
		展示合计未支付订单商品数量和总价功能正常
		支付流程显示正常
	电子钱包充值	充值电子钱包功能正常
	扫描二维码	扫描二维码功能正常
	我的足迹	展示历史浏览商品记录功能正常
		清空足迹功能正常
	抬头管理	新增抬头功能正常
		删除抬头功能正常
		编辑抬头功能正常
		发票抬头列表展示正常

13.5.3 ▶▶ 测试目标

（1）功能测试。

保证测试能够达到 100% 的测试需求覆盖度以及从用户和业务的角度考虑各种使用过程中的实际情况。

（2）兼容性测试。

（3）UI 测试。

13.5.4 ▶▶ 资源与工具

1. 人员与职责安排

本次测试中人员及职责安排如表 13-5 所示。

表13-5　人员及职责安排

角色	职责	负责人 / 部门
测试负责人	1. 编写测试用例； 2. 执行测试； 3. 记录结果	测试人 A
测试工程师	1. 编写测试用例； 2. 执行测试； 3. 记录结果	测试人 B

2. 测试环境

本次测试需要的硬件和软件资源如表 13-6 所示。

表13-6　本次测试需要的硬件和软件资源

测试环境	
计算机	台式计算机或者笔记本电脑
操作系统	Windows 7、Windows 10
手机模拟器	三星 Galaxy S5
浏览器	Chrome
硬盘	>50 GB
内存	>2 GB

3. 缺陷管理流程图

在微商城系统的测试过程中，缺陷管理的流程如图 13-3 所示。

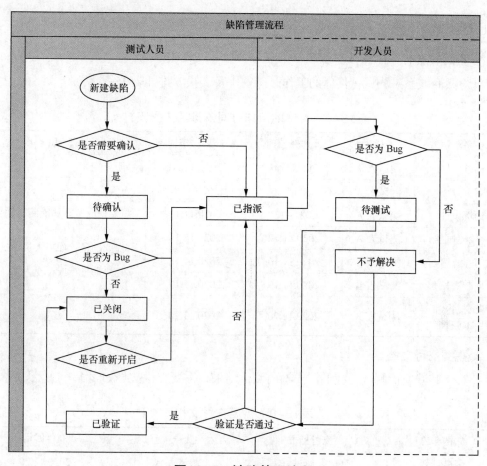

图13-3　缺陷管理流程

13.5.5 ▶▶ 进入与退出标准

1. 验收测试的条件

（1）开发已完成自测，有相应的测试报告，并已通过邮件发送给项目组成员。

（2）测试人员冒烟测试通过，进入测试执行。

（3）测试用例已完成评审。

（4）测试数据已准备好。

2. 测试通过准则

（1）测试覆盖率：100%。

（2）测试执行率：100%。

（3）测试执行通过率：100%。

（4）缺陷解决率：98%，且不能存在紧急、严重的缺陷，针对遗留缺陷需要评估风险。

13.5.6 ▸▸ 测试管理

1. 测试节点

针对微商城系统测试，具体的工作时间安排及人员安排如表 13-7 所示。

表13-7　具体的工作时间安排及人员安排

任务名称	责任人	初计划开始时间	初计划结束时间	说明
测试计划	测试人 A	2020.11.6	2020.11.20	
需求分析	测试人 A	2020.11.6	2020.11.6	
用例设计	测试人 A	2020.11.7	2020.11.11	需要提取基本功能测试用例
第一轮测试执行	测试人 A	2020.11.12	2020.11.15	可提前准备，如果人员不足则协助进行或补充人员
第二轮测试执行	测试人 A	2020.11.16	2020.11.18	
回归测试	测试人 B	2020.11.19	2020.11.19	
测试报告和版本归档	测试人 B	2020.11.20	2020.11.20	

2. 需要交付文档

针对微商城项目测试，我们需要输出测试结果，需要交付文档如表 13-8 所示。

表13-8　需要交付文档

文档名称	交付标准	负责人	交付时间
测试计划	完成并通过评审	测试人 A	2020.11.20
测试用例	完成并通过评审	测试人 A	2020.11.11
测试报告	系统测试完成	测试人 A	2020.11.20

3. 测试过程控制

（1）根据日报模板，每日及时反馈测试用例执行数量、新增的 Bug 数量、关闭的 Bug 数量、重新打开的 Bug 数量、通过的用例数量、未通过的用例数量、缺陷分析、测试风险等。

（2）跟踪开发人员的 Bug 修复情况，优先级别为 p0 的需要当日修复，优先级别为 p1 ~ p2 的需要次日修复，须每日在 Redmine 更新所有的缺陷处理状态。

（3）在第一轮测试执行过程中，每个工作日进行一次迭代测试；在第二轮测试执行过程中，每 2 个工作日进行一次迭代测试。版本迭代后需要对修复的 Bug 进行回归测试，验证 Bug 是否已修复完毕。（根据测试执行情况适当做出迭代周期调整。）

4. 风险分析与策略

测试过程中我们可能会遇到一些问题，需要提前进行风险分析，如表 13-9 所示。

表13-9 风险分析情况

序号	风险描述	解决方法	责任者
1	开发延期	三方商讨是顺延发布时间还是增加人力，或是删减发布的功能	相关人员
2	需求变更	三方商讨确定变更的需求对系统的影响范围，评估工作量，再做决定	相关人员
3	出现性能问题	1. 开发过程中足够重视系统的性能，并自测； 2. 及早开展性能测试，为发现问题后进行调优预留足够时间	相关人员
4	测试过程中需要用到新技术	1. 对可能用到的测试方法和技术进行预估； 2. 保持和开发人员的沟通，通过开发人员获取培训和帮助	相关人员

13.6 测试用例

微商城系统后台功能（登录、商品管理和订单管理）测试用例如表 13-10 所示。

表13-10 微商城系统后台功能（登录、商品管理和订单管理）测试用例

用例编号	标题	所属模块	操作步骤	预期结果	实际结果	用例等级
H-001	验证登录成功	登录	1. 输入商城后台地址； 2. 输入账号； 3. 输入密码； 4. 单击登录	成功登录商城		Lv1
H-002	验证登录边界值	登录	1. 在账号输入框输入中英文、数字、标点符号等特殊字符50/100位； 2. 在密码输入框输入中英文、数字、标点符号等特殊字符50/100位	前端会提示超出限制		Lv1
H-003	验证添加的商品	商品管理	1. 进入商品详情管理列表，单击"添加"； 2. 输入商品名称A、商品外部编号、所属分类、市场价格、店内价格、商品库存、排序； 3. 选择是否记录库存、是否为热门商品； 4. 选择商品图片，上传图片； 5. 输入商品说明； 6. 单击"保存"	1. 商品添加成功，并在列表中展示； 2. 前端商城App展示商品A		Lv1

用例编号	标题	所属模块	操作步骤	预期结果	实际结果	用例等级
H-004	验证添加商品输入框边界值	商品管理	1. 在商品名称输入框输入中英文、数字、标点符号等特殊字符 101 位； 2. 在其他输入框正常输入； 3. 单击"保存"	前端提示商品名称不能超过 100 位		Lv1
H-005	验证组合搜索	商品管理	1. 进入商品管理列表； 2. 输入商品名称"柠檬"； 3. 选择商品分类"蔬菜蛋类"； 4. 选择商品状态"已上架"； 5. 选择"热门商品"； 6. 单击"查询"	1. 搜索出柠檬商品； 2. 列表展示柠檬商品的数据信息		Lv1
H-006	验证模糊搜索	商品管理	1. 进入商品管理列表； 2. 商品名输入"柠檬"； 3. 单击搜索	1. 搜索出商品柠檬； 2. 列表展示柠檬商品的数据信息		Lv1
H-007	验证重置功能	商品管理	1. 进入商品管理列表； 2. 在商品名输入框输入"柠檬"； 3. 选择商品分类为"蔬菜蛋类"； 4. 勾选"热门商品"； 5. 选择状态为"已上架"； 6. 选择更新时间； 7. 单击"重置"	搜索框的内容被清空重置		Lv2
H-008	验证删除的商品	商品管理	1. 进入商品管理列表； 2. 选择商品"柠檬"，单击"删除"； 3. 删除确认框，单击"确定"	商品删除成功，列表不展示柠檬商品		Lv1
H-009	验证编辑的商品	商品管理	1. 进入商品管理列表，选择商品"柠檬"； 2. 更改商品名称、商品外部编号、所属分类、市场价格、店内价格、商品库存，不记录库存、不勾选热销商品、状态为下架，更改商品概要说明、排序、商品图片、商品说明； 3. 单击"保存"	1. 商品修改成功； 2. 生成新的数据		Lv1
H-010	验证商品数据一致性	商品管理	1. 进入商品管理，选择商品"柠檬"； 2. 比较列表商品柠檬数据是否和数据库表内商品柠檬数据一致	数据一致		Lv1

续表

用例编号	标题	所属模块	操作步骤	预期结果	实际结果	用例等级
H-011	验证查看订单详情	订单管理	选择订单号 O2020111100001，单击"查看详情"	1. 进入商品订单详情页面； 2. 展示商品订单信息：订单状态、客户姓名、客户地址、联系电话等信息		Lv1
H-012	验证订单列表数据一致性	订单管理	1. 通过前端 App 选择商品"柠檬"，下单； 2. 比对后台商品订单信息是否和前端一致	商品订单信息一致		Lv1
H-013	验证物流配送	订单管理	1. 选择一个订单状态为"已下单"的商品查看详情； 2. 进行物流配送，输入物流公司名，状态选择"配送"； 3. 单击"确认发货"	商品订单状态为"配送中"		Lv1
H-014	验证物料配送完成	订单管理	1. 选择一个订单状态为"已下单"的商品查看详情； 2. 进行物流配送，输入物流公司名，状态选择"配送完成"； 3. 单击"确认发货"	商品订单状态为"配送完成"		Lv1
H-015	验证组合搜索订单	订单管理	1. 在订单编号输入框输入 O2020111100001； 2. 选择付款状态为"已付款"； 3. 选择订单状态为"配送完成"； 4. 输入总价区间为 200 ~ 360 元； 5. 输入下单时间区间 2020.11.1 ~ 2020.11.30； 6. 单击"查询"	1. 搜索出订单 O202 0111100001； 2. 该订单信息正确显示		Lv1
H-016	验证单个输入框搜索	订单管理	1. 输入订单编号 O2020111100001； 2. 单击"搜索"	1. 搜索出订单 O2020111100001； 2. 该订单信息正确显示		Lv1
H-017	验证重置功能	订单管理	1. 进入订单管理列表； 2. 输入订单编号； 3. 选择付款标识、订单状态； 4. 输入总价区间范围； 5. 输入下单时间范围； 6. 单击"重置"	搜索框的数据被清空重置		Lv2

微商城 App 测试用例如表 13-11 所示。

表13-11　微商城App测试用例

用例编号	标题	所属模块	操作步骤	预期结果	实际结果	用例等级
Q-001	验证首页轮播图	首页	1. 登录商城 App； 2. 进入首页滑动轮播图	轮播图展示正常，可以正常滑动		Lv1
Q-002	验证动态点赞	首页	1. 登录商城 App； 2. 进入首页，选择一个动态，点赞	点赞成功，点赞标识显示 1		Lv2
Q-003	验证动态分享	首页	1. 登录商城 App； 2. 进入首页，选择一个动态，进入动态详情页； 3. 单击"分享到微信、新浪微博"	分享成功		Lv2
Q-004	验证单击首页图标返回到首页	首页	1. 登录商城 App； 2. 进入首页，选择一个动态，进入动态详情页； 3. 单击右上角商城图标	界面返回到商城主页		Lv1
Q-005	验证下单流程→电子钱包支付方式	商城	1. 进入商城页面，选择商品"新鲜冬枣"； 2. 单击"立即购买"→"立即支付"； 3. 支付方式选择电子钱包付款； 4. 单击"立即支付"	1.下单成功生成订单； 2.订单详情数据正确		Lv1
Q-006	验证下单流程→支付宝	商城	1. 进入商城页面，选择商品"新鲜冬枣"； 2. 单击"立即购买"→"立即支付"； 3. 支付方式选择支付宝； 4. 单击"立即支付"	1. 下单成功，生成订单； 2.订单详情数据正确		Lv1
Q-007	验证下单流程→微信	商城	1. 进入商城页面，选择商品"新鲜冬枣"； 2. 单击"立即购买"→"立即支付"； 3. 支付方式选择微信； 4. 单击"立即支付"； 5. 校验订单数据	1. 下单成功，生成订单； 2.订单详情数据正确		Lv1
Q-008	验证支付时订单信息数据一致性	商城	1. 进入商城页面，选择商品"新鲜冬枣"； 2. 进入支付页面，观察订单信息	订单信息数据正确		Lv1
Q-009	验证将多个商品加入购物车	商城	1. 进入商城页面； 2. 选择商品 A 加入购物车； 3. 选择商品 B 加入购物车	添加购物车成功		Lv1

续表

用例编号	标题	所属模块	操作步骤	预期结果	实际结果	用例等级
Q-010	验证商城商品列表数据	商城	1. 进入商城； 2. 观察列表数据	1. 页面上方展示配置的商品分类，下方展示配置的商品； 2. 商品列表展示商品缩略图、商品名称、店面价格、市场价格等		Lv1
Q-011	验证购物车页面	购物车	1. 已添加商品； 2. 进入购物车页面，观察列表数据	展示购物车商品名称、单价、数量、合计商品数量、合计商品金额		Lv1
Q-012	验证购物车的商品支付	购物车	1. 单击"立即支付"； 2. 选择支付方式； 3. 完成支付生成订单	商品订单信息一致		Lv1
Q-013	验证清空购物车	购物车	1. 添加商品到购物车； 2. 单击"清空购物车"	购物车的商品被清空		Lv1
Q-014	验证发布动态	动态发布	1. 单击"+"，上传图片； 2. 选择标签； 3. 输入动态内容； 4. 单击"发布动态"	动态发布成功，并在首页展示		Lv1
Q-015	验证订单历史界面数据	"我的"→"订单历史"	1. 进入"我的"→"订单历史"； 2. 观察历史订单数据	1. 展示历史订单； 2. 展示订单数据：订单金额、订单编号、订单时间、订单状态、联系人、联系人电话		Lv1
Q-016	验证查看订单明细	"我的"→"订单历史"	1. 进入"我的"→"订单历史"； 2. 选择一个订单； 3. 单击"查看订单明细"	1. 进入订单明细界面； 2. 展示订单详情，数据正确		Lv1
Q-017	验证添加常用联系人	订单管理→常用联系人	1. 进"我的"→"常用联系人"； 2. 单击"新增地址"； 3. 输入姓名、电话、地区、详细地址； 4. 单击"保存"	新增地址成功		Lv2

》 13.7 测试执行

测试环境搭建完成后，测试人员将在自己搭建的环境上执行测试用例，开展测试工作。测试人员在执行测试用例的过程中，如发现实际结果与预期结果不一致，则意味着出现 Bug。测试人员发现 Bug 后，需要把 Bug 提交给开发人员修复。那么测试人员应如何记录一个 Bug，又是通过什么工具把 Bug 转发给开发人员的呢？下面将对提交 Bug 所涉及的各种问题进行详细介绍。提交 Bug 不仅仅是测试人员价值的体现，也是测试人员与开发人员沟通的重要桥梁，Bug 的数量和质量将会对软件质量的改善起到重要的推动作用。

》》 **13.8** 提交缺陷报告

13.8.1 》》 项目背景

本次测试内容为微商城系统管理平台，测试于 2020 年 11 月 6 日开始，转测时间为 11 月 12 日，在实际测试前须完成相应的测试计划和用例设计并评审通过。

本项目的资源和工具、进入和退出标准同 13.5 节测试计划。

13.8.2 》》 测试执行时间

针对微商城测试，具体的工作时间及人员安排如表 13-12 所示。

表13-12　工作时间及人员安排表

序号	测试内容	计划起止时间	实际起止时间	偏差天数	负责人
1	测试计划	2020.11.6 ~ 2020.11.20	2020.11.6 ~ 2020.11.20	0	测试人员 A
2	需求分析	2020.11.6 ~ 2020.11.6	2020.11.6 ~ 2020.11.6	0	测试人员 B
3	用例设计	2020.11.7 ~ 2020.11.11	2020.11.7 ~ 2020.11.11	0	测试人员 A
4	第一轮测试执行	2020.11.12 ~ 2020.11.15	2020.11.12 ~ 2020.11.15	0	测试人员 B
5	第二轮测试执行	2020.11.16 ~ 2020.11.18	2020.11.16 ~ 2020.11.18	0	测试人员 A
6	回归测试	2020.11.19 ~ 2020.11.19	2020.11.19 ~ 2020.11.19	0	测试人员 A
7	测试报告和版本归档	2020.11.20 ~ 2020.11.20	2020.11.20 ~ 2020.11.20	0	测试人员 B
合计	总计划完成时间：14 天　　实际完成时间：14 天				
实际完成时间是否与计划时间一致：　　是 [√]　　否 [ ]					
实际完成时间与计划时间不符合原因					

13.8.3 》》 测试内容及结果

微商城系统后台测试内容及结果如表 13-13 所示。

表13-13 微商城系统后台测试内容及结果

模块名称	功能模块	测试内容	测试结果	负责人
登录	登录	登录商城后台	通过	测试人员 A
商品管理	商品分类管理	普通搜索、重置	通过	测试人员 A
		添加商品分类	通过	测试人员 A
		批量删除商品分类	通过	测试人员 A
		删除单个商品分类	通过	测试人员 A
		编辑商品分类	通过	测试人员 A
		分页查询	通过	测试人员 A
	商品详情管理	普通搜索、重置	通过	测试人员 A
		高级搜索、重置	通过	测试人员 A
		添加商品	通过	测试人员 A
		删除商品	通过	测试人员 A
		编辑商品	通过	测试人员 A
	商品规格管理	普通搜索、重置	通过	测试人员 A
		添加商品规格	通过	测试人员 A
		编辑商品规格	通过	测试人员 A
		删除商品规格	通过	测试人员 A
	商品评论管理	普通搜索、重置,按起止时间、商品名搜索	通过	测试人员 A
		全部通过,通过全部评论	通过	测试人员 A
		全部驳回,驳回全部评论	通过	测试人员 A
		全部删除,删除全部评论	通过	测试人员 A
订单管理	订单详情管理	高级搜索、重置,按订单号、付款标识、订单状态、总价、下单时间搜索	通过	测试人员 A
		查看订单详情	通过	测试人员 A
		物流配送、确认发货	通过	测试人员 A
		订单列表	通过	测试人员 A
	订单报表管理	普通搜索	通过	测试人员 A
		图表展示	通过	测试人员 A

模块名称	功能模块	测试内容	测试结果	负责人
会员管理	用户管理	高级搜索、重置，按会员名、会员状态、注册时间、最后登录时间搜索	通过	测试人员 A
		添加管理员	通过	测试人员 A
		编辑管理员	通过	测试人员 A
		会员列表	通过	测试人员 A
	VIP 管理	普通搜索，按 VIP 注册时间、VIP 名称搜索	通过	测试人员 A
		添加 VIP	通过	测试人员 A
		编辑 VIP	通过	测试人员 A
公告管理	公告分类管理	普通搜索、重置	通过	测试人员 A
		新增公告分类	通过	测试人员 A
		编辑公告分类	通过	测试人员 A
		删除公告分类	通过	测试人员 A
	公告详情管理	普通搜索、重置	通过	测试人员 A
		新增公告	通过	测试人员 A
		编辑公告	通过	测试人员 A
		删除公告	通过	测试人员 A
充值管理	模拟电子钱包初始金额设定	设置电子钱包初始金额、重置	通过	测试人员 A
	充值管理	普通搜索、重置	通过	测试人员 A
		编辑用户充值金额	通过	测试人员 A
广告管理	广告详情管理	编辑广告详情，填写地址、上传图片	通过	测试人员 A
		保存广告	通过	测试人员 A
		删除广告	通过	测试人员 A
		新增广告	通过	测试人员 A
动态管理	用户动态管理	编辑动态内容	通过	测试人员 A
		删除动态内容	通过	测试人员 A
		查看详情	通过	测试人员 A

模块名称	功能模块	测试内容	测试结果	负责人
动态管理	动态评论管理	编辑动态评论	通过	测试人员 A
		删除动态评论	通过	测试人员 A
		查看详情	通过	测试人员 A
积分管理	积分详情管理	普通搜索、重置	通过	测试人员 A
		编辑用户积分	通过	测试人员 A
		积分列表	通过	测试人员 A
幻灯片管理	幻灯片详情管理	普通搜索、重置	通过	测试人员 A
		添加幻灯片	通过	测试人员 A
		删除幻灯片	通过	测试人员 A
		编辑幻灯片	通过	测试人员 A

微商城系统 App 测试内容及测试结果如表 13-14 所示。

表13-14　微商城系统App测试内容及测试结果

模块名称	功能模块	测试内容	测试结果	负责人
登录注册	登录	输入账号、密码登录	通过	测试人员 A
	注册	注册账号，输入电话、短信验证码、密码、确认密码	通过	测试人员 A
	忘记密码	找回密码，输入电话、短信验证码、密码、确认密码	通过	测试人员 A
	退出登录	退出登录	通过	测试人员 A
首页	轮播图	轮播图滑动展示	通过	测试人员 A
	动态	展示动态配置图、内容、点赞数、用户	通过	测试人员 A
		点赞	通过	测试人员 A
		动态分享：人人网、微信、QQ 空间、腾讯微博、新浪微博	通过	测试人员 A
		发表评论	通过	测试人员 A
	商品搜索	搜索商品信息	通过	测试人员 A
商城	商品分类	商品类型	通过	测试人员 A
		商品详情	通过	测试人员 A
		添加购物车、立即购买	通过	测试人员 A
		支付	通过	测试人员 A

续表

模块名称	功能模块	测试内容	测试结果	负责人
商城	商品列表	展示商品图片、商品名称、商品、市场价格	通过	测试人员 A
		查看更多商品	通过	测试人员 A
	商品搜索	搜索商品信息	通过	测试人员 A
	商品收藏	收藏商品	通过	测试人员 A
购物车	支付	微信支付	通过	测试人员 A
		支付宝支付	通过	测试人员 A
		电子钱包支付	通过	测试人员 A
		展示商品名称、单价数量、合计金额	通过	测试人员 A
	清空购物车	清空购物车里面的商品	通过	测试人员 A
发表动态	提交动态	单击"+"	通过	测试人员 A
		上传图片	通过	测试人员 A
		选择标签、输入内容，发布动态	通过	测试人员 A
	查看动态	我的动态	通过	测试人员 A
"我的"	头像	展示头像	通过	测试人员 A
		展示用户手机号	通过	测试人员 A
	订单历史	展示订单历史记录	通过	测试人员 A
	常用联系人	常用联系人列表	通过	测试人员 A
		新增常用联系人	通过	测试人员 A
		编辑常用联系人	通过	测试人员 A
		设置默认联系人	通过	测试人员 A
	收藏商品	展示收藏的商品	通过	测试人员 A
		收藏商品，跳转下单	通过	测试人员 A
	我的动态	动态列表	通过	测试人员 A
		发表评论	通过	测试人员 A
		点赞	通过	测试人员 A
	会员设置	修改用户信息，包括昵称、E-mail	通过	测试人员 A
		修改密码	通过	测试人员 A
	未支付订单	未支付订单列表	通过	测试人员 A
		展示未支付订单商品名称、数量、单价	通过	测试人员 A
		展示合计未支付订单商品数量和总价	通过	测试人员 A
	电子钱包充值	充值电子钱包	通过	测试人员 A
	扫描二维码	扫描二维码	通过	测试人员 A

模块名称	功能模块	测试内容	测试结果	负责人
"我的"	我的足迹	展示历史浏览商品记录	通过	测试人员 A
		清空足迹	通过	测试人员 A
	发票抬头	添加抬头	通过	测试人员 A
		删除抬头	通过	测试人员 A
		编辑抬头	通过	测试人员 A
		发票抬头列表	通过	测试人员 A

13.8.4 ▶▶ 测试用例执行情况统计

1. 测试用例通过率

在测试微商城系统的过程中，为了统计用例通过的情况，需要计算测试用例通过率，功能测试用例通过率如表 13-15 所示。

表13-15　功能测试用例通过率

模块名称	通过用例	不通过用例	未测试用例	总用例	用例通过率
商品管理	8	0	0	8	100%
订单管理	7	0	0	7	100%
登录	2	0	0	2	100%
首页	4	0	0	4	100%
商城	7	0	0	7	100%
购物车	3	0	0	3	100%
个人中心	4	0	0	4	100%
合计	35	0	0	35	100%
备注说明					

说明：用例通过率＝通过用例数/（总用例数－未测试用例数）。

2. 测试用例执行率

在测试微商城系统的过程中为了统计用例的执行情况，需要计算测试用例执行率，如表 13-16 所示。

表13-16　测试用例执行率

模块名称	执行用例数	未测试用例数	总用例数	用例执行率
商品管理	8	0	8	100%
订单管理	7	0	7	100%

模块名称	执行用例数	未测试用例数	总用例数	用例执行率
登录	2	0	2	100%
首页	4	0	4	100%
商城	7	0	7	100%
购物车	3	0	3	100%
个人中心	4	0	4	100%
合计	35	0	35	100%
备注说明				

说明：用例执行率 = 执行用例数 / 总用例数。

13.8.5 ▶▶▶ 缺陷统计情况

1. 缺陷等级统计

在测试微商城系统的过程中，为了记录系统缺陷的情况，需要统计缺陷等级。系统缺陷等级统计如表 13-17 所示。

表13-17　系统缺陷等级统计

缺陷数量　　缺陷等级　　测试版本	致命	严重	一般	轻微	优化	总计
V1.0	0	13	6	0	0	19

2. 模块缺陷分布统计

微商城系统对应的模块缺陷分布统计情况如表 13-18 所示。

表13-18　微商城系统对应的模块缺陷分布统计情况

模块名称	缺陷数量	百分比	备注
登录注册（商城 App）	4	21%	
个人中心	7	37%	
首页	5	26%	
商城	3	16%	
总计	19		

说明：
• 总计是统计所有模块的缺陷数量总和。
• 百分比 = 每个模块缺陷数量 / 总计缺陷数量，指该模块缺陷数量占缺陷数量总和的比例。

13.8.6 ▶▶ 交付文档

（1）《测试计划》。

（2）《测试用例》。

（3）《测试报告》。

（4）《测试日报》。

13.8.7 ▶▶ 测试总结、建议

1. 测试总结

（1）本次测试主要针对微商城系统后台和商城 App 的商品管理、订单管理、会员管理、动态管理等功能进行系统测试，以及联调前端商城 App 测试，测试系统的功能是否满足业务的需求。本次测试共发现系统缺陷 19 个，经过回归测试，19 个缺陷都已验证通过并且未出现新的 Bug。

（2）流程测试用例的编写：先编写所有条件均有效的整个流程，再根据具体情况对每个分支中的条件进行测试，设置其他条件均有效，不用再重复编写所有步骤。缺陷的关闭是由创建者执行的，谁提出谁关闭。

（3）测试计划的通过 / 失败准则由测试用例对需求的覆盖率、测试执行率、缺陷修复率及剩余缺陷的数量和等级决定。要求覆盖率达到 95% 以上，执行率达到 95% 以上，修复率达到 90% ～ 95%，剩余缺陷数量不超过总缺陷的 20%，剩余缺陷等级不高于 3 级。

（4）在本次测试中，经过第一轮测试，测试出每个模块存在的缺陷，缺陷等级主要是中级及一般，经过开发人员的处理之后，第二轮测试基本修复了存在的缺陷。虽然有部分问题延期，但这暂时不影响整个系统的正常使用，所以本次测试通过。

2. 建议

（1）合理安排测试计划，做好风险评估，执行测试及提交缺陷时多进行沟通，减少不必要的时间成本。

（2）遇到问题，团队之间一定要及时沟通。